给奇思妙想一个科学的答案

神奇的问题

第二辑

★ ★

自然大"真"探

Earth

地球

黄春凯/主编　　茜薇/绘

黑龙江科学技术出版社

HEILONGJIANG SCIENCE AND TECHNOLOGY PRESS

SHENQIDEWENTI

图书在版编目（ＣＩＰ）数据

自然大"真"探 . 2, 地球 / 马万霞主编 ; 黄春凯
分册主编 ; 茜薇绘 . —— 哈尔滨 : 黑龙江科学技术出版
社 , 2019.1
（神奇的问题 : 给奇思妙想一个科学的答案 . 第二
辑）
ISBN 978-7-5388-9866-8

Ⅰ . ①自… Ⅱ . ①马… ②黄… ③茜… Ⅲ . ①自然科
学 – 儿童读物②地球 – 儿童读物 Ⅳ . ① N49 ② P183-49

中国版本图书馆 CIP 数据核字 (2018) 第 221396 号

自然 大 "真" 探·地球
ZIRAN DA "ZHEN" TAN·DIQIU
黄春凯 主编　茜 薇 绘

项目总监　薛方闻
策划编辑　孙　勃
责任编辑　孙　勃　闫海波
封面设计　青　雨
出　　版　黑龙江科学技术出版社
　　　　　地址：哈尔滨市南岗区公安街 70-2 号　邮编：150007
　　　　　电话：（0451）53642106 传真：（0451）53642143
　　　　　网址：www.lkcbs.cn
发　　行　全国新华书店
印　　刷　天津盛辉印刷有限公司
开　　本　787 mm × 1092 mm　1/16
印　　张　4
字　　数　50 千字
版　　次　2019 年 1 月第 1 版
印　　次　2019 年 1 月第 1 次印刷
书　　号　ISBN 978-7-5388-9866-8
定　　价　128.00 元（全四册）

【版权所有，请勿翻印、转载】
本社常年法律顾问：黑龙江大地律师事务所 计军 张春雨

Contents 目录

神奇的问题——给奇思妙想一个科学的答案

太阳系中为什么只地球上有生命呢？

地球是一个生机勃勃的大家园，除了我们人类，还生活着很多可爱的动物，生长着各种花草树木。迄今为止，在太阳系八大行星中，地球是唯一一个被确定有生命存在的星球，这是为什么呢？

这是因为在地球上，有生命生存所必需的阳光、水、大气，还有组成生命物质必需的碳、氢、氧、氮等元素。而且，由于地球与太阳的距离比较适中，能够给生命提供所需的适宜的温度，能把大气、水分等牢牢地吸住，形成适合生命生存的生物圈。正因如此，才使得地球成为了一个孕育生命的摇篮。而太阳系中的其他星球不具备这些条件，所以没有生命存活。

地球多少岁了？

万物都有寿命，地球也不例外。

地球从诞生到现在，已经存在大约46亿年了。这个"年龄"听上去已经很大了，好像是个老寿星，不过如果把地球放到整个宇宙演化的历史中来说，其实地球还处于充满活力的"青年时期"。但终有一天，地球也会和其他行星一样衰老、消亡。由于地球表面上覆盖着厚厚的岩层，人们通过测定这些岩石中某种化学元素，推断出了地球的年龄。

你知道吗，在地球这46亿年岁月中，有40亿年是没有生命的。为了便于研究，人们将地球的年龄分成了不同的阶段。这漫长的40亿年被称为"太古宙"和"元古宙"。出现生命后的6亿年，又分为三个时期：古生代、中生代和新生代。我们人类则出现在最后一个时期——新生代。

地球是圆的吗?

通过电视科普节目,我们有时会看到地球的全貌——一个美丽的蔚蓝色星球。

但是,不要被它的外表所迷惑,其实地球不是一个圆圆的球体。科学家们经过仔细研究,发现地球是一个两极稍扁,赤道略鼓的椭圆球体。

古时候,人们通过月食和星星(其实就是数以千计的恒星)不断变化的方位,推测出地球是一个球形,但这只是猜测,还没有被证实。直到500年前,葡萄牙航海家麦哲伦完成了环球航行之后,才最终证实了地球是一个近似圆形的球体。

地球大还是太阳大呢？

当我们站在广袤无边的地球上仰望太空，我们会有一种奇怪的错觉，太阳好像也没有多大，而月亮看起来就更小了，似乎只有一块饼那么大。但我要告诉你，这绝对是你的错觉。

假如太阳、地球和月亮三个星球比大小的话，太阳肯定是当之无愧的冠军，地球是亚军，月亮只能算是前两位的"小弟弟"：太阳的直径约为1392000千米，而地球的直径仅有12756千米；根据公式测算，太阳的体积大约为地球体积的130万倍，就好像大象和蚂蚁的区别一样。

太阳看起来不大，是因为它离我们的距离实在是太遥远了。就算是光速也要8分多钟才能从太阳到达地球。同样的道理，月亮离我们也很远，所以看起来像一块饼。

太阳离我们有多远呢？

我们已经知道，太阳看起来不大，是因为它离我们的距离非常遥远，那么太阳到底离我们有多远呢？

地球围绕太阳公转的轨道并不是一个完美的正圆，而是一个略扁一些的椭圆：这就导致了太阳和地球的距离并不是固定不变的。不同的时间，测量的结果也不同，有时候近一些，有时候就远一些。

每年1月初，地球和太阳的距离最近，约为1.471亿千米；到7月初，地球又绕到距离太阳最远的地点，它们之间的距离约为1.521亿千米。

科学家为了计算方便，把太阳和地球的平均距离规定为1.5亿千米，这也被叫作一个天文单位。

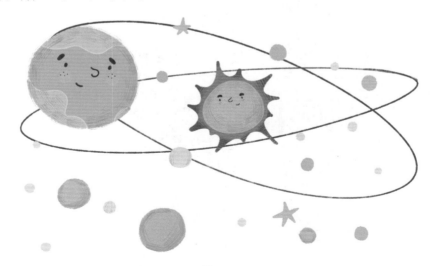

地球一直在转动吗？
四季是怎么形成的？

地球是太阳系中八大行星之一，它每时每刻都在转动。地球自身的转动，被称为自转，方向是自西向东。为了让人明白地球的自转，人们假想了一根轴，也就是说，地球是以这根轴为中心进行自转的。我们把这根轴称为"地轴"。在地球仪上，我们可以看到地轴倾斜着通过地球中心，连接着南极和北极。

地球自转形成了白天和黑夜交替循环的现象；地球自转一圈需要23小时56分4秒，也就是我们所说的一天。

6月 22 夏至

地球在自转的同时也绕着太阳旋转，这被称为公转；因为地球本身就是倾斜的，所以，赤道和地球公转的轨道之间有一个倾斜角。这使得太阳光到达地球的直射点也在有规律地变化着，并不是总在赤道上。当太阳直射赤道时，对于生活在北半球的人来说，就是春季；随着地球的公转，太阳的直射点慢慢向北倾斜，一直达到北回归线时，北半球所获得阳光最多，气温也不断升高，就是夏季；随后，阳光又逐渐向南方的赤道移动，太阳再次直射赤道时，北半球就到了秋天；当太阳光向南移动到南回归线时，北半球得到的阳光最少，温度也不断降低，寒冷的冬天便到来了。

地球的公转形成了四季；而公转一周需要 365 天 6 时 9 分 10 秒，也就是一年。

地球在转动，为什么我们感觉不到呢？

我们生活在地球上，地球时时刻刻都在转动，我们却为何感觉不到它在转动呢？

这是因为地球转动速度比较慢，而且参照物如太阳、月亮等离我们的距离相对较远，所以我们感受不到地球在转动。

地球自转速度会不断发生变化。由于潮汐作用，使以地球自转周期为基准计量的时间 2000 年来累计，慢了 2 个多小时。此外，由风引起的季节变化也使得地球自转在春天变慢，在秋天变快。由于近年来地球自转速度逐渐减慢，导致人们需要对全球计时器进行调整，在 2015 年 6 月 30 日这一天，全球钟表统一调慢一秒，这一秒被称为"闰秒"。另外，还有其他未知原因会偶尔使地球自转速度变得时快时慢。

人为什么不会从旋转的地球上飞出去呢?

我们都知道地球是一刻不停地在旋转着,那么,站在地球上的人或是动物为什么都是稳稳地,不会被地球甩出去呢?

地球虽然不停地旋转,但它的内部有一种强大的吸引力,叫作重力,也是万有引力的一个分力,这是伟大的科学家牛顿发现的。重力使得地球上的一切东西都被一种无形的力量向下拉住,因此,苹果熟了就会掉到地上,人在跳高之后,也会落在地上,而不会飞向空中。另外,因为重力的存在,无论你在地球上的哪个位置,都不会有大头朝下的感觉。

为什么说地球像个大磁铁？

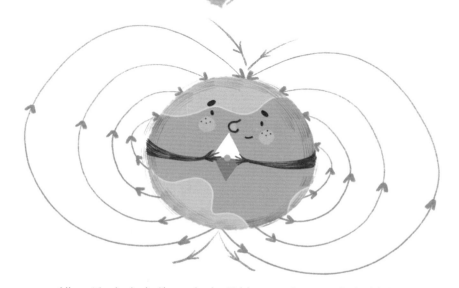

没错，地球确实像一个大磁铁。早在四百多年前英国物理学家吉尔伯特就发现了这个"秘密"，他认为地球就像普通的磁铁一样，也有南、北两极。地球的磁性与地球的自转有关，地球的高速旋转，使它能够产生很强的电流；有电流经过的地方，就会有磁力产生，所以，地球也是一个大磁场。地球具有磁性的一个最有力的证明就是指南针，在地球磁场的"指引"下，指南针会一直指向南方。

地球磁场分布广泛，地球内部、大气层以及地球的周围，都有磁场的存在。不过我们人类自身是感受不到磁场的。太阳系中的其他星球也具有磁场，但都没有地球的"磁力"强。

磁极真的会倒转吗?

我们知道地球就像一个"大磁铁"一样,有地磁南极和地磁北极,这没什么稀奇的;但是你听说过"磁极倒转"这种说法吗?这听起来有些不可思议,可这却是真的。

一百多年前,法国科学家布容在一次科学考察时,发现了这个秘密。随后,越来越多的科学家发现了同样的事儿——地球的磁场一直在悄悄地改变着;这也就是说,现在位于南端的北磁极会慢慢转到北端去,而位于地球北端的南磁极则会转到南端去,就像"翻跟头"一样——物理学家管这种现象叫作"磁极倒转"。

"磁极倒转"的事在地球的历史上已经发生过多次了。但是到今天,科学家们也没有弄清楚为什么会发生这样的"怪事儿"!

地球上空的大气层是怎么来的？

在距离地球不远的外层空间有一个气体层，也被叫作大气层。大气层看起来是无色透明的，但是它的厚度却超过了1000千米。

早在地球形成之初，周围就流动着很多的空气，就连地球内部也掺杂着很多气体。后来，在地心引力的作用下，地球慢慢变小，地球里面的空气也被聚集在一起，地球温度不断升高，地壳也变得越来越硬，空气就被挤出来了；但地球的引力很大，这使得那些飘出来的空气并不能立即飘走，而是围绕在距离地球不远的地方，形成了一个大气层。又过了很久，地球上的动物和植物越来越多，它们不断地向外呼出气体，地球大气层就越来越厚，成了我们现在看到的样子。

为什么大气中的氧气不能太多？

大气是看不见摸不着的，又没有味道，但它确实存在，里面还有好几种气体呢！大气的组成成分中绝大部分是氮气，其次才是氧气，剩下的就是一些微量气体的混合物了。

我们都知道氧气对于人类来说实在是太重要了，没有氧气，人就活不成了；那么，我们可不可以向空气中多多地释放一些氧气，或者干脆吸纯氧气来维持生命活动呢？

当然不行！氧气多了会对人体造成极大的危害，甚至引起"氧中毒"，人就会因为窒息而死亡。

另外，吸入过量的氧气，会加速人的衰老。因为氧气和其他元素结合时，会导致人体内发生氧化反应，产生新的物质，这些物质对人体有害，堆积在人体内，时间久了，人体机能就会衰退，人就会变老。

地球里面是什么样子的？

地球是一个实心球，从外到内可分为三层，分别是地壳、地幔和地核。

大陆地壳的平均厚度为 35 千米，体积仅为地球总体积的 1%；地壳由土层和岩石组成，又被称为岩石圈层。岩石圈层中分布着大量的矿产，种类高达 2000 种以上。

地幔是整个地球体积中最大的一层，占 83.3%，从地下 33 千米一直向下延伸至 2900 千米；地幔层的温度很高，在 1000 ～ 2000℃，压力也非常大。其中很大一部分是高温的岩浆，其余部分是坚硬的固体岩石。

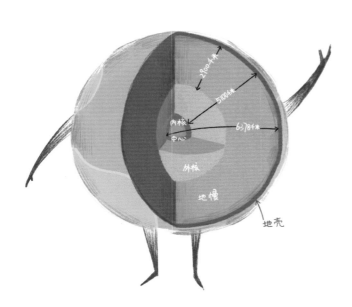

地核由外核和内核两部分组成，外核所处的厚度在 2900 ～ 5100 千米，是液态的；再往下便是呈固态的内核。地核的温度高达 4000℃左右，压力比地幔层还要大。

如果一直向地下钻洞，会钻穿地球吗？

这 已经不是一个幻想了，早有科学家曾经大胆地向地下钻探过，但结果都是以失败告终。因为以现有的科技水平还无法实现钻穿地球的假想。

我们已经知道地球内部共分为三层，其中地幔层中有厚厚的高温岩浆，其高温和高压是人类的任何机械都无法克服的；机械只要接近岩浆都会被熔化成液体。而地核深处的温度更是人类无法想象的。

另外，对于地球来说，越是向下，液态的流动状物质越多，就算人类真的钻出了一个深洞，这个深洞也仅能维持一会儿，因为岩浆等物质是不停地流动着的，洞口很快就会被堵住。

目前人类能够钻探到的最深深度仅有 12 千米左右，这对深不见底的地球来说，根本就是微不足道。

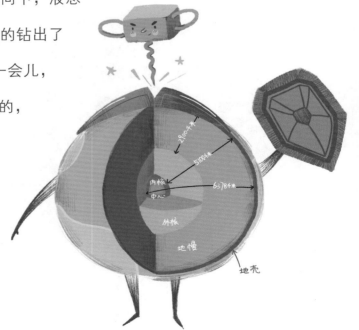

为什么地球上分为热带、温带、寒带？

地球是一个倾斜的球体，因此，在地球的不同位置所获得的太阳光热的多少也是不同的。离赤道越近，阳光就越充足，温度也就越高；越靠近两极，阳光也就越稀少，温度也越低。人们根据不同地方所获得太阳热量的多少，为地球划分出了不同的温度带，也叫气候带。温度带和地球的纬度大致平衡。南北回归线之间为热带、回归线到南北极圈之间是温带，两个极圈到极点之间就是寒带。

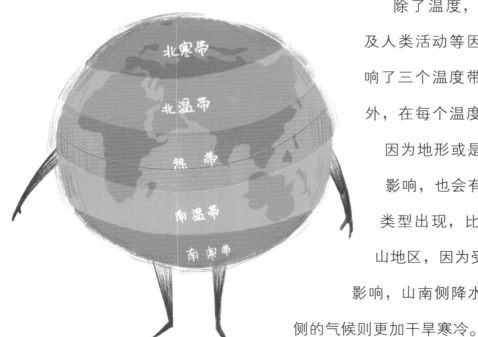

除了温度，还有雨水以及人类活动等因素，共同影响了三个温度带的形成。此外，在每个温度带的内部，因为地形或是大气环境的影响，也会有不同的气候类型出现，比如喜马拉雅山地区，因为受高大山脉的影响，山南侧降水较多，山北侧的气候则更加干旱寒冷。

为什么地球上海拔越高，气温越低？

气温就是空气的温度。太阳光照在地球上，向地球散发热量，其中一小部分热量会被大气吸收，其余的大部分会直接到达地球表面，这时候，地面就会升温；随后，地面会把温度传递给空气，所以，气温的热量来源主要是地面散发的长波辐射。

这样一来，离地面越近的地方，气温就越高；离地面越远，气温自然就越低了。对于海拔很高的高山来说，它们能得到的地面辐射更是少之又少；此外，海拔高的地方空气稀薄，得到的一点点热量也会迅速地散发出去，根本保存不住。

现在你明白这个道理了吧，所以，就算是赤道上的高山，山顶也会被冰雪所覆盖。

站在南极点上，任何方向都是北方吗？

没错，假如你真的站在南极点上的话，你会发现，无论你怎么转身，方向都只有一个，那就是北方。

南极点是地球上一个非常特殊的位置。那里没有东、南、西，因为地球上的经线是南北向的，而所有的经线都要汇聚在南极点上，所以，站在南极点上，所有的经线只能指示北方。

我们已经知道地球是一个"大磁铁"，地磁北极点就位于南极，所以，你要在南极点上拿出指南针的话，它只能指向下方了，因为任何方向都是北，只有南极点代表着南方。

反过来，对于北极点也是一样的，北极点的四周也只有一个方向，那就是南方。

为什么会产生极光？

极光是一种五颜六色的神奇光芒，只有在南极和北极附近才能看到。

极光的产生和太阳活动是分不开的。太阳目前是一颗活跃的恒星，内部和表面时刻都在进行着多种多样的化学反应，这些反应会使太阳散发出强大的带电微粒流。由于能量巨大，这种带电微粒流会被射向四面八方，甚至能够到达地球上空。当它们来到地球的两极附近时，会受到地球磁场的影响，这时候，带电微粒流又与高层大气中的氧元素、氮元素等发生碰撞，从而发散出绚丽的光芒，而两极附近空气稀薄，视野广阔，所以，人们很容易在这里发现极光的存在。

极光虽然美丽迷人，但它出现时，会严重干扰人们的通信活动，还能造成指南针的失灵。

为什么南极有"白色沙漠"之称？

如果我告诉你南极是世界上最干燥的地方，你一定会大吃一惊吧？南极怎么会比撒哈拉沙漠还要干燥呢？

这是真的！虽说南极到处都是冰雪，四周还有取之不尽的海水，但它确实是世界上最干旱的大陆；南极的严寒是造成它干旱缺水的"罪魁祸首"。据科学家测量，整个南极大陆全年平均降水量少得可怜，仅有55毫米，而南极点地区几乎没有降水，这比撒哈拉沙漠还要可怜。因为气候寒冷，就算有降水出现，落到地面时也会变成固体的雪花。没有降水的时候，整个南极大陆完全处于太阳光的辐射之中，再加上狂风，所以，来这的人都会有一个共同的感觉——干燥。

现在你知道南极大陆为什么会有"白色沙漠"之称了吧！

北极夏天的太阳总不落山吗？

每年夏至（6月22日前后），北极地区便开始出现极昼，在这一段时间内，北极圈内的太阳终日照射，总不会落山。一直到冬至（12月22日前后）时，北极地区才开始出现黑夜。

北极的极昼与地球的公转和自转有很大关系。地球在公转的时候，又在进行着自转，可是地球公转和自转的轨道并不在一个平面上，而是形成了一个倾斜的角度。从春分之后，太阳光的直射点越来越靠北，北极地区得到的阳光也越来越多，直到夏至时，就连北极点也进入极昼；这种状态要一直持续到冬至时才结束。因此，整个夏天，一天24小时，在北极圈内都能见到太阳。到了极夜时，北极圈内终日看不到太阳，连月亮也不是全天可见的，每个月只有15天能看到月亮。

南极和北极，哪个更冷呢？

南极和北极位于地球上温度最低的寒带中，要选出一个更冷的地方，那就是南极了。

北极的年平均气温在 8℃左右，与它处于同纬度的南极年平均气温则在 −25℃。南极又被称为世界"第七块大陆"，那里地势极高，平均海拔高于 2300 米；如果你对这个数字没什么感觉的话，那么我要告诉你，世界上其他六大洲的平均海拔还不到 1000 米。南极地势高是因为这里有着厚厚的冰层，到处都是冰原，到达这里的阳光本来就不多，又有冰原的反射作用，所以，能够留下来的温度就更少了。另外，没被反射出去的热量也难以储存，因为这里到处是冰层，非常不利于热量的储存。而北极夏季冰雪融化，能够吸收更多的热量，还能把热量一点点向四周释放，所以它的温度要比南极高。

南极

北极

地球上最热的地方在哪里？

多数人都知道非洲是世界上最热的地方，尤其是靠近赤道的位置，一定是世界上气温最高、最炎热的；但这是一种错觉，横跨赤道的非洲国家一共有 5 个，它们的年平均气温在 25℃左右；这并不是世界上气温最高的地方。

在北非的埃塞俄比亚东北部有一个叫达纳基尔的沙漠，这里是被官方记录的世界上最热的地方。这里地质活动非常活跃，聚集了非洲大陆四分之一的火山，最高气温可达 60℃。水和植物是这里稀缺的资源。

这里环境恶劣，但仍然有生命存在，甚至还有人类居住。生活在这里的人属于一个叫作阿法尔的部落，他们过着放牧牲畜的游牧生活。

黄土高原上厚厚的黄土是哪里来的？

世界上黄土分布最集中的地方是中国的黄土高原。黄土高原的面积约为 50 万平方千米，黄土高原的黄土层非常厚，层厚为 50~80 米，厚度最大的地方可达 150 米。

这么厚的黄土是哪来的呢？

有科学家说，这些黄土是被西北风刮到此地的。宁夏北部、内蒙古乃至中亚沙漠中的大量黄色沙土会随着西北风来到这里，并渐渐堆积起来，形成了黄土高原。

还有一些科学家认为，黄土是由黄河水所带来的。在黄河的上游地带堆积着大量的黄土，黄河水不断流淌，总要冲走一些泥沙，日积月累就有了黄土高原。

黑色的土壤是最肥沃的吗？

跟矿石一样，土壤也是五颜六色的，有红色、黄色、褐色以及黑色等。其中最肥沃的土壤就是黑色的土壤，也就是我们常说的黑土。黑土肥沃是因为它含有大量的养料。

我们都知道植物要想生长茂盛，就得有充足的营养补充。土壤里含有的有机物越多，它能为植物提供的营养也就越多。腐殖质便是土壤中最具营养的物质，因为它是由埋藏在土中的动植物的遗体被微生物分解后形成的物质，其中含有大量有机物。而腐殖质恰好是黑色的，所以，富含腐殖质的土壤就会呈现出黑黑的颜色。

越是气候寒冷的地方，黑土的营养物质越多，非常适合种植农作物。世界著名的三大黑土带分别位于美国的密西西比河流域、乌克兰大平原和中国东北平原。

为什么会有地下水？

我们把藏在地表以下的水，叫作地下水，比如井水、泉水以及地下溶洞水等。据地质学家估算，全世界的地下水加在一起共有 1.5 亿立方千米，可以说，地球总水量的十分之一都是藏在地表以下。

地下水的主要来源就是大气降水，也就是雨水：雨水落到地面上，一些会流入江河湖海中，另一些则会渗入地下，遇到有缝隙的岩石等物质就被存留下来，时间久了，就形成了各种类型的地下水。

地下水对人类来说，有着非常重要的作用，可以饮用，也可以灌溉农田。但若是地下水过多，也会引发一些危害，比如地面塌陷导致的铁路、公路等设施的毁坏。

为什么冰川也会"逃跑"？

在气候寒冷的高山或是两极地区，有一种常年存在的天然冰体，这就是冰川。

在寒冷的地方，降雪量很大，雪花降落后，不断堆积，越来越厚；当太阳升起时，积雪就会融化，但融化的雪水受到严寒气温的影响，又立即结成了冰；一层又一层的冰挤压在一起，越来越紧密厚实，这就形成了冰川。只要降雪不停，冰川就会不断扩大，当它所受到的重量大过它自身所产生的地面摩擦力后，冰川便出现了"逃跑"的可能性；不过别担心，冰川"逃跑"的速度是非常慢的，每天只能滑动几厘米而已，最多也不会超过13米。

温泉水为什么是热的？

泉 有一种特殊的类型叫作温泉，温泉水从地下喷涌出来的时候，就是冒着热气的热水。温泉水也是来自地面，地表水渗入地下后，汇集到很深的岩层中，假如在岩层之下恰好有岩浆流动的话，这些地下水就会被高温的岩浆加热，成了热水，这些热水再冒出地面时，就是我们见到的温泉了。

温泉水温高，又富含矿物质，对一些疾病具有一定疗效，因此广受各国人民的青睐。世界著名的温泉主要有冰岛、美国黄石公园以及新西兰北岛的天然温泉，中国的云南也有很多著名的温泉。

瀑布会消失吗？

瀑布是一种特殊的河流表现形式，无论它的落差有多大，形成的景色有多么壮美，它终究是要消失的。

河流流经悬崖时会出现瀑布，但悬崖在水流的强烈冲击下，会渐渐地向后坍塌退缩，时间久了，瀑布就越来越靠近河流的上游，落差也会越来越小。水流具有侵蚀力，甚至整个瀑布所在河段的岩石都会被河流切断，随着时间的推移，整个瀑布就会逐渐消失，变成一条普通的河流。

地球上的大多数瀑布都处在"消失"的过程中，比如尼亚加拉大瀑布，它最壮丽的时候，落差可达 100 米，但现在的落差却只剩下 50 米左右。按照目前的速度，5 万年后的人类将把尼亚加拉瀑布从瀑布的名单中清除出去。

河流为什么是弯弯曲曲的？

我们翻开世界地图，观察多瑙河、尼罗河、亚马孙河、黄河、长江，这些世界著名河流有什么显而易见的共同点吗？没错，它们无一例外都是弯弯曲曲地流淌入海的。为什么会这样？

不只是大江大河，就连我们身边的小溪流也都是弯弯曲曲的，没有哪条河的"行走路径"是笔直的。这是因为，河流从它的发源地向下游奔流入海的过程中，会碰到数不清的障碍物，有堆积的土堆，或是高大的山脉。如果是小土堆，它当然能够直冲而过，但是对于高大的山脉就无能为力了，只好转个弯继续前行。另外，河流在奔涌的过程中也会受到来自地球本身力量的吸引，它本身也会携带一些泥沙并将其堆积在河流的一侧，这些原因都会让河流无法保持直线式流淌。

陡峭的峡谷是怎么来的?

山区地带经常有岩石林立的峡谷出现。峡谷就是那种深度大于宽度的谷坡陡地的通称。如果我们沿着峡谷横向切开的话,会出现一个 V 字形,这样的峡谷是最为陡峭的,而它的形成则与河流有关。

河流流经某地时,会对地面产生一个向下的切力,同时,河流所携带的泥沙不断地冲击河谷底部,使河谷底部不断向下发展,时间久了,峡谷就形成了。

过去,人们一直认为美国亚利桑那州的科罗拉多大峡谷是世界上最大的峡谷。但后来,经过全面测量,科学家告诉我们,位于中国西藏的雅鲁藏布江大峡谷才是名副其实的世界第一大峡谷,它长达 504.9 千米,两侧高峰与谷底相对高差达 6009 米。

海水为什么不容易结冰?

我们见过结冰的江河湖泊，但却几乎很少见到结冰的大海，这是因为海水结冰的条件和淡水结冰的条件不同。当气温降至0℃时，淡水会由液体转变成固体，也就是结冰，我们管这个温度叫作冰点。淡水的冰点就是0℃，但海水因为含有大量的盐分和其他杂质，因而它的冰点要远低于0℃。海水的含盐量越高，它的冰点就越低。所以，即使是 −20℃ 的寒冷天气，我们依然能够见到咆哮的大海。

从另一方面来说，就算气温降至海水的冰点以下，海洋内部的上下层海水的互相交换，以及其他因素的共同影响，也使得海水不易结冰。

为什么会有潮起潮落？

海水每天都要发生两次涨潮和落潮，这也被称为潮汐现象。地球一直在自转，海水也跟着地球在旋转；对于旋转的物体来说，在旋转的过程中都会产生一个离开物体中心的离心力，比如下雨时，我们旋转张开的雨伞，伞面上的雨滴都会在旋转的过程中飞出去。海水也有离开地球的倾向，但它受到的离心力并不大，与此同时，月亮对地球的引力帮助海水实现了涨潮的"愿望"。

由于地球、月亮在不断地运动，地球、月球和太阳相对也在发生着周期性的变化，所以，月球引力也出现了周期性的变化。这个周期就是地球每自转一圈，海水就会发生两次涨潮和两次落潮。

海底也有山脉吗？

海洋深不可测，我们很难用肉眼看清海底的样子，但科学家早就发现海底世界的面貌了。原来，海底的地形和地面类似，有的地方高一些，有的地方就低一些。高的地方就是海底的山脉，也叫作海岭。有的海岭绵延万里，高大险峻，贯穿整个大洋。此外，还有低矮一些的海底火山和海底平顶山。

至于海底山脉的形成，科学家提出了"海底扩张"的说法。地球内部的压力会把海底涨裂开来，这样，地球内部的物质从裂缝中喷出来，不断地堆积，渐渐地形成了海底山脉。海底山脉有新形成的，也有渐渐消亡的，这个过程是不断循环的。

海水会干吗?

当温度升高时，水分就会蒸发，同样的道理，在太阳光的照射下，海水也在悄悄地蒸发着，蒸发会导致海水水量减少，海洋每年因为蒸发而消失的水分可达 447980 立方千米。虽然这个数字听起来很可怕，但这并不会让海水干枯。因为海水蒸发后会在空中聚集成云，随着温度的降低，云中小水珠就会降落在海洋或陆地上。落在陆地上的雨水，渗入地下或是汇入溪流，但不管是地表水还是地下水，最终的归途都是大海。这个循环是永远不会停止的，所以大海永远也不会干涸。

为什么会发生洪水？

当江河水越来越多，以致水位超过河床，冲垮堤坝，流向四周的农田、村镇时，可怕的洪水便暴发了。

最常见的洪水是由气候异常引起的。有些年份的雨季，短时间内雨量特别大，雨水汇集到溪流中，又同时挤入大江大河，超过了江河的蓄水量，无法顺利排向下游入海，便会导致洪水漫溢。

人为的原因也会引发洪水灾害。比如过度伐木，植被越来越少，水土流失越来越多，涵养水源的功能也就消失了，所以暴雨降落到地面时，没有植被或是土壤能够吸收它们，只好全部汇入溪流江河，最终导致洪水暴发。

台风眼里为什么没有风？

我们把热带海洋上的大风暴叫作台风，台风中心数十千米内的空间被称为台风眼。台风其实是一团速度和规模都很大的旋转空气。但神奇的是，能够掀起巨浪的台风中心居然是风平浪静的。

这是因为台风内部的风是逆时针旋转的，这样台风才能够不断地移动；但台风在移动时又会产生一个离心力，这个力与吹向台风中心的力恰好相等，台风眼的位置就没有风能够吹进来，空气也就不会发生流动和旋转。所以，台风眼里广阔的空间内都是平静无波，晴朗无云的。但台风眼的外侧就没那么平静了，到处都是倾盆暴雨。

山是怎么来的？山会长高吗？

山的形成与地壳活动有关——褶皱和断层是形成山的主要原因。具体来说，又有四种不同的造山形式。

褶皱山是因为两个板块之间互相挤压，形成巨大的抬升力，地壳升高，就形成了山脉；世界著名山脉中的很多高山都是褶皱山，比如喜马拉雅山和阿尔卑斯山。

火山的形成与地下岩浆喷发有关。火山岩浆喷发到地表，不断地堆积，冷却后就出现了火山。

断层山是因为大陆板块之间的互相碰撞，其中一方地壳忽然发生断裂或产生裂缝，形成了断层山，

比如华山、庐山等。

　　还有一种冠状山，当地下岩浆不断冲击它上面的地壳时，地壳便会一点点向上隆起，形成一座冠状山。

　　地壳的内部活动形成山脉和山系。地壳活动的形式很多，有左右方向运动的，也叫水平运动；还有上下方向运动的，也就是垂直运动；还有倾斜运动的。不同形式的运动会给地表造成不同的影响。

　　比如，在印澳板块和欧亚板块之间的喜马拉雅山就一直受到地壳运动的影响而发生着变化。印澳板块不断地向欧亚板块方向做俯冲运动，所以，喜马拉雅山每年都在"长"高，大约每年会长高1厘米。据科学家的考察和测量，在过去的一百万年间，喜马拉雅山已经"悄悄"地升高了2000米。因此，山会"长"高，而地表也会下沉。

沙子也会唱歌吗？

会的，这种会"唱歌"的沙子又被叫作鸣沙。鸣沙的神奇现象在世界上的很多地方都出现过，比如美国的长岛、英国的诺森伯兰海岸、丹麦以及沙特阿拉伯等地方。

不同地方的沙子所"唱"出的"歌声"也不相同，美国鸣沙声如同狗叫，而英国的鸣沙声却如同哨子吹出来的声音，中国的鸣沙声则声震如雷。

有人说，沙漠地带气候干燥，阳光直射，使得沙砾都成了带电的物质，在外力，如风力的吹拂下，就会发出天然的声响。还有人认为，沙漠陡峭的地形，尤其是背风的一面容易形成一个凹陷的共鸣箱，这会放大沙子的摩擦声，听起来好像沙子在唱歌一样。

有彩色的沙漠吗?

提到沙漠,我们联想到的都是黄沙漫天的景象。不过,沙漠可不都是"一个模子刻出来的"——除了黄色,还有很多种颜色的沙漠。比如,澳大利亚的辛普森沙漠,就是一片红色沙漠;美国的路索罗盆地内则被一片白色沙漠所覆盖,还有美国亚利桑那沙漠更是神奇,竟然同时拥有红、黄、白三种颜色的沙子。

沙漠能有如此瑰丽的色彩,与附近的岩石有很大关系。含有不同颜色的矿物质的岩石经过风化后形成了小沙子,这些小沙子因为含有特殊颜色的矿物质,所以会显现出不同的颜色。比如含有石膏质的岩石会风化出白色的沙粒,而含有铁矿石的岩石就能风化出红色的沙砾。

沙漠中为什么会有那么多沙子？

世界上有很多沙漠，至于沙子的来源，则有几种不同的原因。

对于那些靠近高大山脉的沙漠，如美国落基山脉附近的内华达州沙漠，以及中国的塔克拉玛干沙漠来说，山上的岩石碎屑是沙子的重要来源。高山上白天很热，夜里又非常冷，岩石在"热胀冷缩"的影响下，很容易破碎；破碎的岩石粒受到风力的侵袭，会变得越来越小，也会被吹落到低洼的地方，时间长了，就汇集成了沙漠。

有些沙漠在内陆平原中，周

围没有高山，但因为河流会携带一部分泥沙，这些泥沙堆积在一起，又加上气候干旱，风力侵袭，沙子也会越来越多了。还有一些沙漠因为所在地有很多沙岩，沙岩风化后，就散落成了颗粒细小的沙砾，从而形成了沙漠。

沙漠向来被看作"生命的禁区"，但世界上总有奇迹出现，这就是散落在干旱沙漠中的绿洲。

夏季到来时，高山上的雪就会融化，它们汇聚成溪流，沿着山坡流淌。溪流遇到沙漠，就会迅速渗入地下，集聚成地下水。另外，沙漠中的降雨渗入地下，也会与地下水汇合在一起。在沙漠中的低洼地带，地下水涌出来，形成湖泊或是河流。

有了水，各种生物就会聚集、生息，植物也会更加地生机勃勃，人们便在此地开垦农田，种植果蔬……春种秋收，年复一年，就形成了景色秀丽、绿意盎然的沙漠绿洲。

为什么仙人掌能在干旱的沙漠中生存？

对于生长在沙漠中的仙人掌来说，它们早已进化出了一整套的抗旱"秘籍"。仙人掌的茎宽大肥厚，表皮很厚，仿佛涂了一层油蜡一般，还长有很多小绒毛，这样就降低了被阳光直射表面的机会，水分蒸发也减少了；而且仙人掌的茎里面有很多善于储藏水分的细胞。

在地下，仙人掌发育出了强大的根系，帮助它尽可能多地吸收水分，即使是一点点降雨，仙人掌也会"借势"长出许多新的根茎。另外，仙人掌的根部类似木质，这使得它能够在炎热的沙石上稳住"脚跟"，不会因干旱而死去。据说有的仙人掌能够活好几百年。

海市蜃楼是怎么来的？

沙漠里荒无人烟，到处都是沙子，可有时候，人们却能看到前面不远处有碧波荡漾的湖水出现，或是繁华城市的影子。当你想要前往那个地方时，却发现怎么也走不到，因为它根本就不存在。别担心，你只是遇到了海市蜃楼。

沙子在太阳的照射下，温度很高，但附近空气的散热性却很差。晴朗的天气，沙漠上空和沙漠表面的温差很大，当太阳光射到地表时，光的速度发生了改变，这会导致折射现象的出现，也就是说，光把远处的山、水等景物照射在人们的眼前，让人产生了幻觉，也就是人们常说的海市蜃楼。

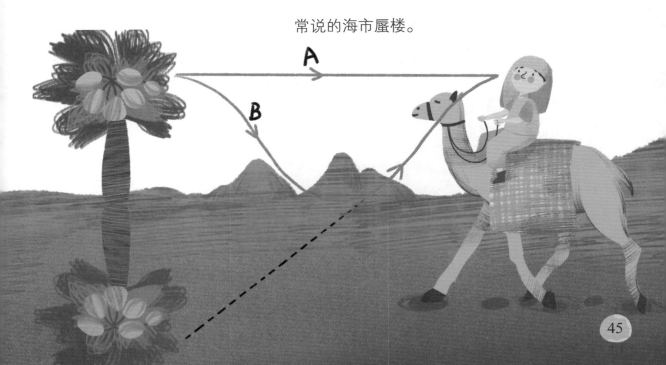

为什么沙漠中有些岩石的形状像蘑菇？

沙漠地带会矗立着形状像蘑菇的岩石，这叫作风蚀蘑菇。从名字中我们可以推断这种"蘑菇"的成因，没错，长年累月的大风便是形成蘑菇状岩石的"罪魁祸首"；另外，沙漠的沙子也是大风的得力"帮凶"，因为风中的沙粒会增强磨蚀的威力，使得这些本来就脆弱的岩石受到"双重"的侵蚀，从而出现了柱状蘑菇。

这种奇特岩石分布较为广泛，又被称为雅丹地貌；中国的罗布泊一带是典型的雅丹地貌区。那里有很多看起来阴森可怕的岩石柱，但那不是魔鬼的"杰作"，不过是大自然力量的巧合而已，一点儿也不可怕。

地球上真的有火焰山吗？

火焰山的名字听起来就觉得恐怖，那地球上真的有火焰山这种像地狱一样的地方吗？

有！在土库曼斯坦的卡拉库姆沙漠中有一个被称为"地狱之门"的地方，这里的大火已经足足烧了四十多年了。这曾是一个天然气矿，但因为开采时发生了意外，苏联科学家不得不将天然气点燃，希望能解决这个"尴尬的麻烦"，但四十多年过去了，大火依然熊熊燃烧不灭。

澳大利亚的新南威尔士州温根附近也有一座"火焰山"。这里原本是一处大型煤矿，但由于自燃引发了地下煤田的大火。这场大火燃烧时间更久，已经有5500多年的历史了，堪称地球上最古老的火种。

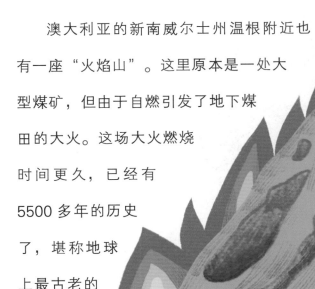

为什么会发生雪崩？

山坡上的积雪看似安稳，其实它要受到两个力的影响。一是地球的引力，另一个是积雪自身的内聚力。这两个力时刻都在互相"拉锯"：地球引力想要把积雪向山下吸引，而积雪的内聚力就要帮助积雪更加"团结"，一直留在山坡上。当积雪不断增加，地球引力也就不断增强，超过了积雪的内聚力时，雪崩便发生了。

此外，春天温度升高，积雪融化后会渗入积雪底部，积雪层好像浮在水面的冰，很容易整块向下滑动，也会发生雪崩。

当积雪出现不稳定的因素时，只要它受到一个简单的外力刺激，就容易引发雪崩，比如地震、岩石飞落、动物或是人的行走甚至是一场大风都能成为导火索。

地震有多可怕？

地震最明显的反应就是大地震动，这是地壳活动、火山爆发、地下核爆炸等造成的。规模特别大的地震则会给人类带来极其可怕的后果。

如果地震发生在内陆居住地，就会毁坏建筑物、桥梁等公共设施，接下来就会发生地下管道、电缆受损，停水停电，通信受阻，有毒气体泄漏……

地震若是发生在山区，会引发滑坡、泥石流等次生危害。而泥石流或是滑坡往往是毁灭性的，它能将整个村庄都掩埋在沙石之下。

地震如果发生在海底或是海岸附近的话，就会引发海啸，整个海面都会发生剧烈的抖动，还会掀起巨浪，危及整个沿海地区。

此外，地震还能引起火灾、瘟疫、江湖决堤等种种灾难，给受灾人群留下心理阴影也是地震的可怕后果之一。

为什么会发生地震?

地震是最常见的地壳活动,每年全世界都要发生数百万次的地震,但南北两极地区却从未出现过地震的现象,两极地区便是世界上最不容易发生地震的地方。

科学家认为,两极地区厚厚的冰层是那里最好的"保护伞"。两极地区几乎全部都被冰层所覆盖,冰层的厚度在数百米,这给下面的地壳板块带来了巨大的压力,而这个力恰好跟板块之间的挤压力差不多大。所以,

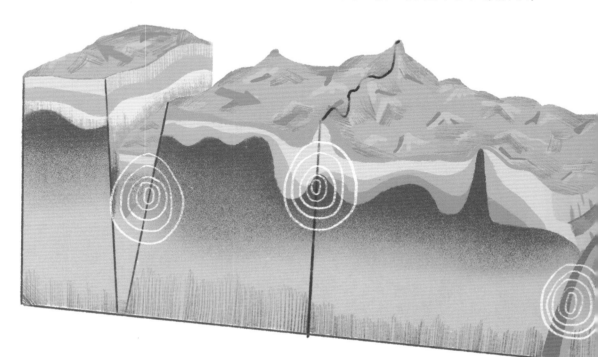

地壳被严严实实地"盖"住了，根本"动弹"不得，自然也不会发生地震。不过，科学家也提醒人们，这种平衡只是一种巧合，要是有别的力出现的话，两极地区也有可能会发生地震。

我们已经知道，月亮和地球之间是存在引力的，比如海洋潮汐现象产生的原因之一就是月球对地球产生了引力。事实上，月球对地球的引力不仅只发生在海洋上，也发生在陆地上，只是它不那么明显，所以总是被我们忽略。

但当地壳活跃时，板块间的力本来就是蓄势待发，若是加上了月球引力的作用，那么地震便更容易发生了。

每月的初一和十五前后的夜晚，是月球对地球引力最大的时候，所以，这个时候更容易引发大地震。比如 1995 年的日本神户大地震以及中国 1976 年的唐山大地震都是发生在这一时间。

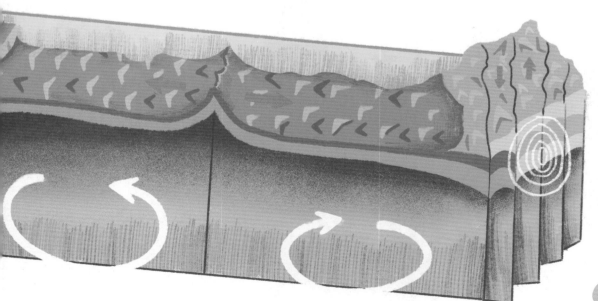

为什么会有火山？它真的能喷火吗？

火山和地震一样都是地壳活动的一种形式。地球内部流淌着温度极高的岩浆，由于地下压力"挤压"，岩浆一直在地球内部缓缓流动，很难喷出地表。但是，当它遇到地壳破碎或是薄弱的地方时，它所受到的阻力就会减少，岩浆中的水汽等物质有了上升的通道就不断上蹿，岩浆也变得异常活跃，不断地向地表喷。地壳越薄，给岩浆带来的向上的阻力越小，岩浆的力量就显得更大，水汽等物质急剧上升、膨胀、释放……好像爆炸一样，这就是火山喷发的现象。

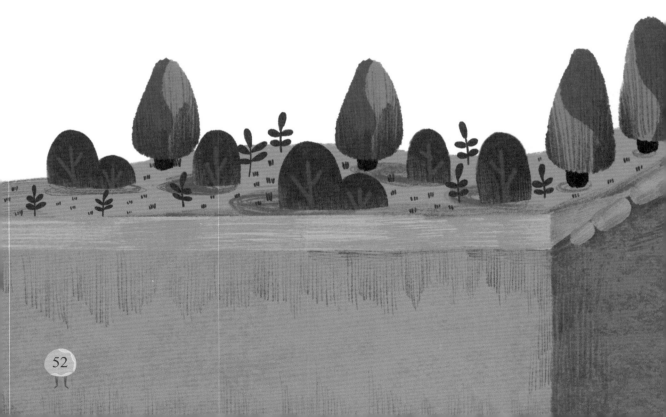

火山喷发时，最显著的特征便是冲天的红色"巨柱"，看起来好像是一团大火喷出来一样。但那红色的物质并不是真正的火焰，而是高温的岩浆。因为温度太高，岩石都处于熔融的状态，就像烧红的铁水一样。

此外，火山爆发时还会喷出大量的固体，如爆炸的岩石碎块、碎屑和遮天蔽日的火山灰。伴随固体一同喷发出来的还有大量的气体和液体，比如含有碳、氢、氧、硫等多种元素的混合气体以及熔岩流、水或是其他种类的水溶液，甚至还有火山灰和水汽形成的泥。

火山喷发能够放射出大量的可见光或是不可见光、电、磁以及其他放射性物质，这些物质能给人类带来很大的危害，还能造成仪表失灵、飞机失事等灾难。

有自己会跳动的石头吗？

石头多数都是沉甸甸的，抬起它来都要费很大的力气，更别说自己跳动了。但大千世界，无奇不有。人们早就发现了一些奇特的石头——它们会自己跳动。

这些石头来自海底火山，特殊的来源使得这些石块并不是完全实心的，石块内部充满了二氧化碳气体。因为海底压力巨大，这些石块一直被"挤压"着，没法动弹；但当这些石块被带走，脱离了海底的高压环境时，它所受的压力一下子变小了，石块里的气体就会促使石块向上浮动，看起来就像石头自己在跳动一般。人们管这种会自己跳动的石块叫作"跳石"。

为什么会有化石？

化石是存留在岩石中的远古生物的遗体、遗物或是遗迹等，比如恐龙蛋化石或是贝壳化石。

远古生物死亡后会被泥土所掩埋，随着土层会越来越厚，古生物的遗体就会逐渐下沉。当下沉到一定的位置时，它们会受到地底压力的挤压，逐渐跟它们所在的泥沙结为一体，并形成一层岩石，这层岩石又被叫作地层。这时候，无论是坚硬的骨骼还是柔软的叶子都成了岩石的一部分，它们被发掘出来后，就成了我们所说的化石了。

化石一旦成形，就不会发生改变了，它们也是我们了解远古世界的鲜活证据。比如人们在喜马拉雅山地区发现了鱼类的化石，这就说明，在 20 亿年前，喜马拉雅山地区曾被海水所覆盖。

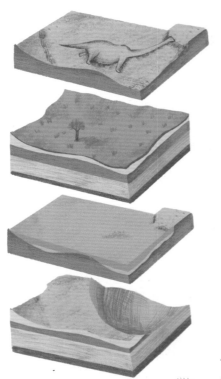

琥珀是什么？

琥珀是远古化石的一种。远古时候，森林里长有大片的红松。红松的树干上会分泌出一种黄色的黏液，就是松脂。有时候，各种各样的昆虫经过时就被一些松脂团黏住了，无法脱身；有时候，松脂从树上掉落，恰好落在昆虫身上，于是，这不幸的昆虫就被活活地封在松脂里面了。地壳运动会使海水淹没陆地，原始森林也被埋在地下，那些松脂连同昆虫都被埋在海底，沉积在泥沙里；几千万年后，它们就成了琥珀化石。

欧洲的波罗的海沿岸，是世界上最著名的琥珀产地，另外在出产煤炭的地方更容易发现琥珀。

煤是怎么形成的？

在远古时期，气候温暖湿润，草木大量生长。后来，在地壳变动的影响下，这些植物纷纷倒下，被埋在泥沙中。被泥沙掩埋的植物，在地下高温、高压的作用下被压成实心块，植物中原本含有的氧气、氮气等物质也都挥发出去了，剩下的只有碳了。这个过程反复地进行，碳也越来越多，逐渐变成了褐煤、烟煤，最终成了黑色的煤。

这些煤形成后，还会受到地壳运动的影响，比如有的煤层埋藏的位置很浅，很容易就被人们发现；有些则因为地壳运动的原因，被埋到更深的地方，等待着人们的开采。

石油是动物死尸变成的吗？

要想回答这个问题，我们首先得检测一下石油的组成成分。而科学家们早就发现石油中是含有有机物的，这些有机物就是动物、植物以及一些更低等的细菌藻类等生物的尸体经过细菌分解而形成的。

远古时候，生长在海洋或是湖泊附近的动植物死亡之后，尸体就会沉入水中，并且被海底淤泥给埋葬了。水中的微生物会不断地分解、腐蚀这些尸体，使它们变成有机质；在分解的过程中会有气体产生，这就是甲烷；而那些固体有机质在缺氧、高温、高压等条件的共同作用下，会转化为浓稠的液体石油。

矿石为什么是五颜六色的？

矿石是大自然对人类的馈赠。大自然中蕴藏着种类丰富的矿石，还为它们"涂"上了绚丽的颜色，比如红色的红宝石、天蓝色的青金石、淡黄色的黄玉以及瑰丽的水晶……

矿石有如此丰富的颜色，是因为它们内部含有的元素不同。不同的元素会有不同的原子排列顺序，所以，它们会显现出不同的颜色，比如含有铜元素的矿石就会显示出黄铜色，而含有锰元素的矿石会显示出粉红色等。

还有一些矿石本身是没有什么颜色的，但若是内部掺杂了一些杂质的话，就会显现出与原来大不相同的颜色，比如透明的石英石中若是混进了黑色矿物质，这类矿石也会成为黑色矿石；还有红玛瑙，里面因为有了铁元素，所以才有"红"色出现。

世界地球日是哪一天？

地球是我们地球人的共同家园，为了呼吁人类关心地球、保护地球，联合国大会在 2009 年做出了一个新的决定，把每年的 4 月 22 日定为"世界地球日"。

早在四十多年前，美国人丹尼斯·海斯等人就发起了保护地球环境的倡议。后来，越来越多的人认识到保护地球环境的重要性，就连联合国大会也开始讨论起这个话题。他们认为人不是地球的主人，正相反，人类只是地球的一部分成员。人类离不开地球，假如我们不爱护它，环境危机爆发时，受到伤害的只是我们人类自身。

世界地球日的标志是一个白底加上一个绿色的希腊字母 θ。

给奇思妙想一个科学的答案

神奇的问题

第二辑

自然大"真"探

Universe

宇宙

杨现军/主编　茜　薇/绘

黑龙江科学技术出版社
HEILONGJIANG SCIENCE AND TECHNOLOGY PRESS

SHENQIDEWENTI

图书在版编目（CIP）数据

  自然大"真"探 . 1, 宇宙 / 马万霞主编 ; 杨现军
分册主编 ; 茜薇绘 . -- 哈尔滨 : 黑龙江科学技术出版
社 , 2019.1
  （神奇的问题 : 给奇思妙想一个科学的答案 . 第二
辑）
  ISBN 978-7-5388-9866-8

  Ⅰ . ①自… Ⅱ . ①马… ②杨… ③茜… Ⅲ . ①自然科
学 – 儿童读物②宇宙 – 儿童读物 Ⅳ . ① N49 ② P159–49

中国版本图书馆 CIP 数据核字 (2018) 第 222578 号

自然大"真"探·宇宙

ZIRAN DA "ZHEN" TAN·YUZHOU

杨现军 主编　　茜 薇 绘

项目总监	薛方闻
策划编辑	孙 勃
责任编辑	孙 勃　闫海波
封面设计	青 雨
出 版	黑龙江科学技术出版社
	地址：哈尔滨市南岗区公安街 70-2 号　邮编：150007
	电话：（0451）53642106 传真：（0451）53642143
	网址：www.lkcbs.cn
发 行	全国新华书店
印 刷	天津盛辉印刷有限公司
开 本	787 mm×1092 mm　1/16
印 张	4
字 数	50 千字
版 次	2019 年 1 月第 1 版
印 次	2019 年 1 月第 1 次印刷
书 号	ISBN 978-7-5388-9866-8
定 价	128.00 元（全四册）

【版权所有，请勿翻印、转载】
本社常年法律顾问：黑龙江大地律师事务所 计军 张春雨

Contents 目录

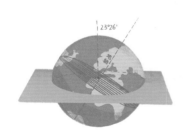

神奇的问题

——给奇思妙想一个科学的答案

光年是什么？

听光年，你一定以为是个时间单位。但是，你错了！光年是一个长度单位，是天文学上计量天体间距离的单位。1 光年就是光在真空中用一年时间所走过的距离，约为 94 608 亿千米。光的速度在地球上来看是大得不得了，但是在宇宙范围内，它简直像是在爬行。测量长度有很多单位，比如米、千米，既然有这么多单位，为什么还要用光年？这是因为我们的宇宙尺寸实在是太大了，要是还用千米，那不知道这个数字有多大，会极不方便记录的。

为什么说宇宙曾有过大爆炸？

宇宙一开始是什么样子？又是怎样构成的？多数观点认为，宇宙起源于大爆炸。大爆炸，是天文学家进行天文观测后的一种大胆设想。科学家们猜测大约在 150 亿年前，宇宙所有的物质都高度密集在一点。高密度的宇宙，产生了极高的温度、极小的空间，因而发生了巨大的爆炸。大爆炸后，物质开始向外膨胀，形成了今天我们看到的无边无际的宇宙。科学家认为，宇宙大爆炸整个过程是极其复杂的。

宇宙正在不断地扩大吗？

是的，宇宙就像一个谜，让人猜不透。

有一位科学家曾打过这样一个比方："如果把星系比作葡萄干，那么，宇宙就是一个已经烤好了的正在膨胀着的葡萄干面包。"意思是说，葡萄干的大小并没有变，而是面包空间在扩大。我们的宇宙如同礼花绽放一样，正以飞快的速度远离银河系，向外延伸。星系的空间的距离也在不断地扩大。哈勃定律中河外星系退行速度同距离的比值是一个常数，通常用 H 表示，单位是千米/（秒·百万秒差距）。该比值有时简称为速度—距离比，或哈勃比。

你知道天上有多少颗星星吗？

数星星，可是这大大小小、密密麻麻的星星，似乎怎么也数不过来。不过呢，有人做过统计，我们人的肉眼能看到的星星总数约为 6974 颗。但因为人站在地球上，视野范围有限，至多只能见到头顶上的半个天空，所以我们通常所见的星星不过 3500 颗左右。当然这仅仅是一小部分，在广阔的银河系更有数不清的上千亿颗恒星。所以，天上的星星真的无法计数。

天上的星星会不会相撞？

在整个宇宙中，有无数的恒星，可谓繁星满天，看起来十分稠密，实际上它们的距离非常远，相撞的可能性几乎为零。另外，每一颗星星都不是固定的，而是按一定规律运动，这并不是无规则运动，所以不会像城市里的汽车那样轻易发生碰撞。以我们的银河系为例，这里的恒星总数有 1000 亿颗以上。因为它们都能按一定的轨道绕银河中心运转，相撞的可能性微乎其微。

星座为什么会展现出人或动物的形状？

古人不比我们现在，有很多娱乐活动。当他们耕作或牧羊回来，看着美丽的夜空，再看着闪烁的星星，就不由得联想起来，这就让我们的宇宙充满了迷人的色彩。千百年来，我们的古人发现季节不同，天上星星的排列也不同，为了方便记忆，他们根据星星的分布规则，联想出一些人物、动物、用具，于是就有了像猎户座、北斗七星等这样的星座，其实这些都是古人的一种想象。星星之间距离不一样，排列能呈现出各种形状，这纯粹是一种偶然。

白天，星星躲到哪里去了？

其实，白天星星还是在原来的位置上，无论白天还是黑夜，它们都在发出亮光。如果我们到宇宙空间站去观测，任何时候都能看到星星。在地球上，白天看不见星星，并不是星星不见了，而是因为白天强烈的太阳光让星星黯然失色。同样道理，要想看到群星闪烁的夜空，最好到乡下去。在大都市里，由于路灯、霓虹灯到处闪耀，因此我们都看不清天上闪烁的星星了。

冬天看到的星星为什么比夏天少？

我们生活的地球属于银河系，而银河系十分庞大，居住着数不清的星星。有意思的是，我们的地球是不停地绕太阳公转的。夏天，地球正好转到太阳和银河系中间的位置，银河带就出现在我们的头顶上了，这样我们就能看到很多的星星。相反，冬天来临后，地球转到太阳与银河系边缘的位置，这时我们看到的是银河系边缘较少的星星，所以夏天我们看到的星星就比冬天要多多了。

为什么北极星老是指着北方？

北极星是一颗大名鼎鼎的恒星。它有点与众不同，北极星正好在我们地球自转轴所指的北极附近。地球像陀螺一样在自转，北极星就在陀螺尖所指的方向。要是你不小心在野外迷路了，不要担心，试着找到北极星，就能分清东南西北了。这个方法对一些从事野外工作、航海的人特别有用，我们的古人也是通过北极星辨别方向的。在哥伦布和麦哲伦的远航中，北极星功不可没。

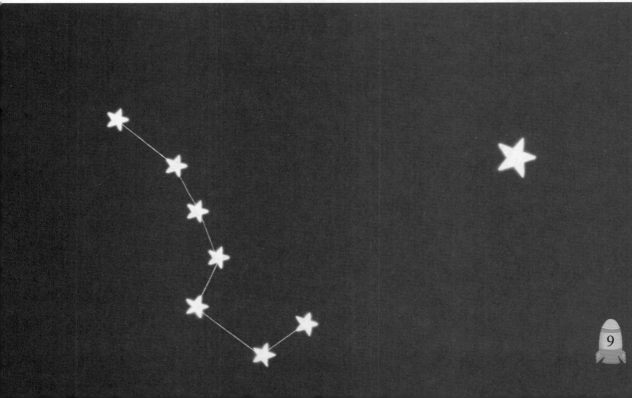

银河是一条河吗？

晴朗的夜空中，有时会出现一条银白色的光带，有的地方宽，有的地方窄，隐约闪动着，像一条河，这就是银河。其实，银河是由几千亿颗恒星组成的，有许多星星比太阳还大，因为离地球太远了，看起来，光很微弱。这条恒星带从地球上看，仿佛是一条银光闪烁的河。所以，银河当然不是什么真河，那里也没有水。我们居住的银河系，名字就是这样来的。

为什么星星会眨眼？

星星本来不会一闪一闪地发出光芒。如果你在宇宙空间里看星星，会发现星星是一直放光的。可我们在地球上看星星，总是一闪一闪地放光，而且呈星形状。这是因为星光通过大气层的时候受到干扰，光线在不停地摇晃。所以，我们看到的星光经过许多次的折射，时而汇聚，时而分散。正是这层大气，使我们在看星星的时候，觉得星星是在一闪一闪的，好像在眨眼睛一样。

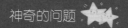

为什么太阳系八大行星在同一平面？

太阳系所有星体最初都是一体的，属于同一团巨大的尘埃和气体。在引力作用下，它们逐渐凝聚起来，旋转的速度也逐渐增加。由于离心力的作用，自转的物质团将一些物质甩出。而所有甩出的物质最初都处在离心力最大的太阳赤道附近，沿着相似的轨迹被水平甩出，由此形成了一个巨大的薄层。再后来，这些被甩出的物质的体积和质量不断变化，后来凝聚形成了大小不一的八大行星及其他天体。所以，这些行星在薄层周围继续围绕太阳运转，它们始终处于同一平面。

为什么太阳系里各行星一年的时间不一样？

太阳系中有八大行星，还有许多小行星。有趣的是，各行星一年的时间却不一样。这是因为行星绕太阳运转时，离太阳的距离越近，公转时间越短，反之越长。

水星公转周期约为 88 天；金星公转周期约为 225 天；火星公转周期约为 687 年；木星公转周期约为 12 年；土星公转周期约为 29 年；天王星公转周期约为 84 年；海王星公转周期约为 165 年。

太阳黑子很黑吗？

太阳黑子是太阳光球层上的暗黑斑点。温度比光球低1000~2000开尔文（1273~2273℃）。与光球相比成为暗淡的黑斑，故名黑子。黑子并不黑，黑子内的温度也有三四千摄氏度呢。如果把一个大黑子取出来，它发出的光比满月时要亮得多。别看是些小黑点，但它们也相当大，最大的黑子有15个地球那么大。其实，黑子是太阳活动显著的标志之一，它们喜欢成群结队出现，而且并不是什么时候都有，有时多，有时少，大约11年一个周期。有人认为，火山、台风、旱涝都和太阳黑子的多少有关。

太阳会熄灭吗？

太阳是一个燃烧着的火球，表面温度有6000℃以上，而且越靠近中心温度越高。太阳上面好像有千万颗氢弹爆炸似的。有人好奇，它会不会熄灭呢？虽然太阳很大，能储藏很多气体，但它终究会有烧完的一天。随着太阳的熄灭，地球上便不再有光明，一切生命都会死亡。不过，这应该是很久很久以后的事情了，大概还要50亿年。总之，到那时，聪明的人类一定有应对办法的。

为什么有时太阳看起来和月亮一样大?

太阳的质量和体积都比月球大,可它看起来却和月球一样大,为什么? 这与它们到地球间的距离有关。虽然太阳很大,可它到地球的距离大约是月亮到地球距离的 400 倍。所以,站在地球上看到的太阳和月亮几乎一般大。但是,和其他恒星比起来,太阳就显得很大,因为它是距离地球最近的恒星。

为什么我们看到的大地是平的？

在茫茫宇宙中，地球是个椭圆形的球体，可为什么我们看到的大地是平的？

这是因为地球对人类来说实在太大了，16世纪的葡萄牙航海家麦哲伦乘船绕地球一周，就走了三年，我们人站在地球的表面上，就像一只小蚂蚁站在一片田野中一样，能看到的范围只是地球表面上很小的一部分，当然感觉不到所看到的地面是圆弧状的。

为什么地球是倾斜的?

地球好比一只陀螺,它一边绕着太阳转,一边又绕着自己的中心轴转。但是,中心轴与地球公转轨道平面并不垂直,而是有一个 23°26′ 的夹角。正是由于这个夹角,才使得南北半球出现季节变化。夏天,太阳直射北半球,温度较高,而因为阳光斜射,南半球温度较低。半年后季节互换,南半球是夏天,北半球是冬天。如果地球不是倾斜旋转的,是直立(中心轴与地球公转轨道平面垂直)旋转的,那么,太阳光将直射赤道,这使得越接近赤道的区域,温度越高,越远离赤道的区域,温度则越低,而且不论地球公转到什么地方,热的地方永远热,冷的地方永远冷,当然就没有四季变化了!

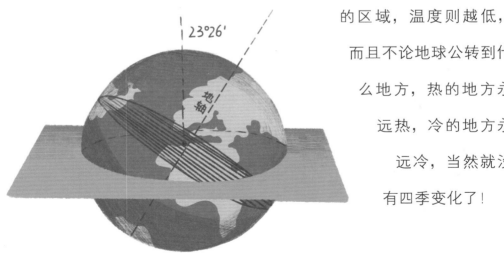

假如没有月球会怎样？

月球是我们地球的卫星，是距离我们最近的天体。它个头很大，具有强大的引力，使地球就像一只陀螺似的自西向东、倾斜着身子不停地自转，这样地球上才有春夏秋冬四季。没有了月球，后果是无法想象的。首先，地球会发生倾斜，在太空中猛烈晃动。这样世界的麻烦就大了：地球上的气候和四季就会丧失规律。当地球不再倾斜了，而是地球中心轴与太阳呈直线旋转。这样导致的结果是，地球的半边是永恒的白天，昼夜不分，万物枯焦；另外的半边则一片黑暗，冰天雪地，暗无天日。

月海是月亮上的一片海吗？

水是生命之源，有水的地方，才有生命。如果月球上有水，对于我们人类来说，这无疑是一个大喜讯。人类要在月球上安营扎寨，没有水根本不行。虽然月球表面上也有一些地方被称为月海，可这些"海"中连一滴水都没有，真是名不副实！月海，只是人们的一种想象，跟水无关。早在 20 世纪，人类就拜访过月球。"阿波罗"宇宙飞船先后6 次登月，从月球表面上带回了大量岩石。在分析研究后，月球的岩石中根本没有水分。

在月球上有日出吗？

为地球自转的原因，在地球上人们能看到日出日落。同理，月球在绕着地球公转，同时也在不停地自西向东自转。所以，月球上也有太阳的东升西落。不过，在月球所看到的日出日落，和在地球上是完全不同的哦！在月球上，当太阳升起后，由于月球周围没有大气遮挡，所以白天看到的太阳比我们在地球上要明亮千百倍。另外，月球上的白天，依然能看到漆黑天空中的点点繁星。

为什么会有月相？

月球的形状变化，叫月相，是由于月球绕着地球运动，本身又不发光而反射太阳光的结果。当月球转到地球和太阳中间的时候，月球正对着地球的那一面，照不到太阳光，我们看不见它，这就是新月。之后，月球沿着轨道转过一个角度，它向着地球一面的边缘部分逐渐被太阳光照亮，变成弯弯的月牙。随着照到太阳光的部分一天比一天多，月牙一天比一天"胖"，一直到半个圆。而等到向着地球的这一面全部照到了太阳光，成了一个滚圆的月球，就是满月。

为什么月亮一直跟着我走？

其实，月亮没有跟着任何人走。月球距离地球有38万千米，它的光线是从很远的地方照来的，不论我们跑得多远，它都挂在天空。人走路的距离与地球和月球之间的距离相比，实在太小了。因此，当我们望着月亮的时候，月球在一定的位置，而我们走的时候，移动的距离与地球和月亮之间的距离相比，可以忽略不计。

这样，月亮看起来就好像跟着我们在走。由于它离地球很远，所以我们看到的月球是慢慢移动的。

为什么宇航员叔叔在月球上一蹦一跳？

众所周知，月球比地球要小得多，体积是地球的 1/49，质量则是地球的 1/81，因此在月球上的重力要比地球上小得多。当宇航员在月球行走时，这里的重力比较小，走路就像跳起来的袋鼠一样。如果在月亮上跳起来，落下来的时候就像是飘下来一样，是不会摔得很痛的。要是你有机会到月球，凭借你现在的力量到月球上起跳，你一定是一名跳高健将！

第一个登上月球的人是谁？

第一个登上月球的人是美国的宇航员阿姆斯特朗。

1969 年 7 月 20 日，"阿波罗" 11 号登月舱在月球上着陆。在做了充分准备后，宇航员阿姆斯特朗走出了舱口，小心翼翼地走下扶梯。他先用左脚轻轻地试探了一下布满细细粉状沙粒的月球，认定地面不会下陷，这才把右脚放到了月面上。终于，月球上出现了人类第一个脚印。这个脚印宽 15 厘米，长 32.5 厘米，不过，它只有 0.5 厘米深。由于没有空气，没有刮风下雨等天气变化，脚印会存在数百万年。

当时，阿姆斯特朗激动地说："对于个人来说，这是一小步；但是对于人类来说，这是一大步。" 至此，人类探测太空的旅程翻开了新的一页。

水星上有水吗？

水星，并不是水的星球。它公转一年，需要 88 天。水星永远以一面朝着太阳，另一面永远背对着太阳。水星向着太阳的一面，温度高达 400℃以上，就算有水也全部气化了。而背对着太阳的那一面，温度非常低，所以也不可能有液态水。1991 年 8 月，是水星运动离太阳最近点，于是，美国天文学家在新墨西哥州用装有 27 个雷达天线的巨型天文望远镜对水星进行了观测，发现在它的表面阴影处，水以冰山的形式存在着。这些冰山直径 15～120 千米，多达 20 处。这些冰山从何而来，还有待研究。但水星之名，也并非徒有虚名。

去水星上生活会是怎样的？

水星挨着太阳，它转的圈子要比其他行星小得多，因此比任何行星都跑得快。它绕太阳公转一周只用 88 天，而它自转一圈却 59，几乎是地球上的 2 个月。这里的一天会特别长。刚过一个昼夜，就过了大半年，过了一天半，新的一年就已来临。也就是说，每过一天半，你就要过一次生日。在水星上看日出，一年里只能看到两次，而且，太阳在天空中移动得慢极了，要耐着性子等。然而，要想到水星上去生活是不可能的。

为什么火星的天空是红色的？

火星是一颗红色的行星，火星表面大多是宽阔的平原，上面凌乱地散布着大大小小的石块，远处的山脉连绵不断，巨大的峡谷幽深，云雾缭绕。厚厚的红土到处都是，但表面却很硬。原来，火星土壤中含有大量氧化铁，由于长期受紫外线的照射，铁就生成了一层红色和黄色的氧化物。难怪有人夸张地说，整个火星就像一个生了锈的世界。突然之间，这里还会来一个尘暴，直冲天空。

火星上有生命吗？

火星在太阳系里排行第四，它有很多地方和地球非常像。火星上有大气；火星上的一天与地球上的一天时间差不多；火星也是斜着身子绕太阳转，只是倾斜的程度比地球稍大些，因此上面有明显的四季变化。这些都给人以想象，认为火星上可能有类似于人的智慧生命存在。为了搞清火星上的秘密，人类发射了前往火星的探测器，截至目前，还没有发现火星上有生命的确切证据。

火星上有没有运河呢？

运河是人工开凿的河道。如果火星有运河，就等于火星上有像人一样的智慧生命。最早说火星上有运河的，是意大利的一位天文学家。他在1877年用望远镜观察火星时，发现在火星的圆面上有些模糊不清的直线条，这些暗线把一个个暗斑连接起来。后来，人们把这些暗线说成是运河。其实，这是一个误会。在其后火星探测器传回的照片来看，这些纵横交错的线条只是干涸的河床。

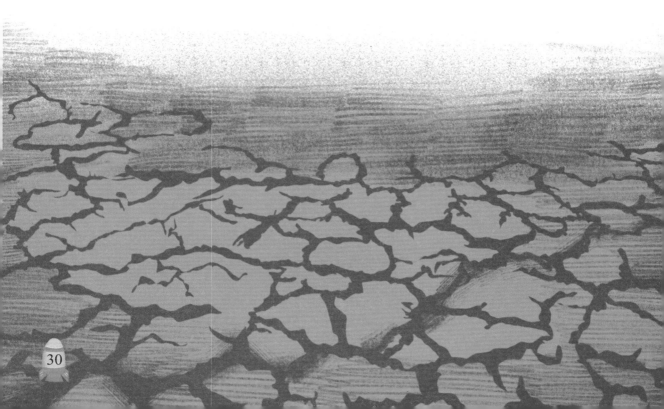

火星上真的有金字塔吗？

这件事，追根溯源，还要从美国"水手"9号火星探测器在火星上无意发现了一群外形奇怪的庞然大物说起。这件事在当时引发了人们对火星的诸多猜想，说它像极了底面为四边形的金字塔。此后，"海盗"1号在火星北半球再次拍到了多座"金字塔"。说离塔不远，还有一块巨大的、五官俱全的人面雕塑，很像埃及的狮身人面像。事实是，火星上根本没有金字塔，更没有火星人，这不过是自然侵蚀的结果。

去火星旅行要带什么？

旅行之前，最重要的事就是了解火星上面的环境。火星表面到处都是富含氧化铁的岩石，用肉眼看去显得格外明亮。火星平均直径相当于地球直径的一半，但比月球的直径要大一倍。火星上非但没有火，还十分寒冷。也就是说，你去火星旅行，必须注意多带些衣服来防寒。这里的平均温度比地球要低30℃，晚上温度最低时达到−80℃，昼夜温差比较大。当然，两极就更不用提了，甚至可以达到−132℃。

为什么金星上的太阳从西边出来？

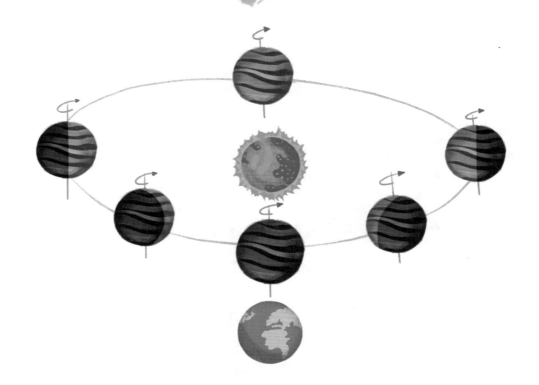

在人类肉眼可见的行星中，金星的美貌首屈一指，它在夜空中的亮度仅次于月球。金星与我们的地球有几分相似。不过，在我们地球上看到的太阳东升西落，在金星上看到的，反而是太阳从西边升起。这是因为金星自转缓慢，自转周期约为 243 天，是八大行星中自转最慢的，且它的自转方向和其他行星都相反，是自东向西转，所以金星看到的太阳升起方向恰好与地球上的相反。

土星的光环会消失吗？

土星美就美在光环，它就像一条围在土星脖子上的项链。光环是围绕土星运行的一道物质环，像一张巨大的密纹唱片，一直延伸到32万千米的太空中。不过，土星的光环看上去确实会消失，这种现象每隔15年才会出现一次。这是因为土星跟我们的地球一样，也是斜着身子绕太阳转的，并且倾斜得厉害。当土星绕太阳运转时，它的光环朝向地球的角度会不同。光环斜对着我们时，可以看得清楚，这时它像个大礼帽；当光环平对着我们时，哪怕用最大的天文望远镜，也只能看到细细的一条线，这条细线将土星一分为二。这时，从我们地球上看来，光环似乎消失了！

木星上的大红斑是什么？

木星有一个标记特别醒目，即大红斑。红斑的形状有点像鸡蛋，由不同颜色的云层组成，镶嵌在明亮的木星大气当中，十分壮观！自从它被发现以来，就一直令人捉摸不透。它是由什么构成的呢？300 多年来，科学家提出的各种解释，都不能使人满意。在分析"旅行者"1号拍下的 12 张照片后，科学家发现它是一个巨大的、像飓风一样旋转的云团，类似于地球上的台风，也像火星上的尘暴，但它的规模要大得多。它不单大小时常变化，颜色也时浓时淡。其寿命可达数百年甚至更久。

天王星侧身旋转会导致什么后果？

天王星是太阳系中第三大行星，被说成是这个家族中的"懒孩子"。究其原因，是因为它怎么也不肯站起来，不管是公转还是自转，都是侧身旋转。有人猜测，应该是在很久以前，天王星被另一个天体碰撞的缘故。不过，这样慵懒的姿势，也造就了不一样的奇观。在天王星上，每隔42年，它的南极和北极会交替面向太阳。也就是说，每经过42年，天王星的冬夏就会交替1次。

为什么说海王星是算出来的？

天王星被发现后，人们注意到它的运动不大对劲，这让人摸不着头脑，有人怀疑是不是万有引力定律有问题，也有人推测天王星轨道外还有一颗行星。此后，英国剑桥大学有个叫亚当斯的学生利用万有引力定律和已知的天王星观察资料，推算出这颗未知行星的运行轨道，但他的发现并没有引起重视。直到 1846 年 9 月 18 日，天文学家勒威耶根据天体力学理论，计算出这颗行星在太空中的位置。后来，人们果然观察到了一颗新的行星，就给它命名为"海王星"。

为什么海卫一上有奇特景象?

海王星有 13 颗类似"月亮"的卫星,其中海卫一个头最大,比月球略小。在这里首先映入眼帘的,是一片耀眼的白色世界,它冷得出奇,星球球面温度低达 $-233℃$。并且时常伴有隆隆巨响,这是其上面的几座火山突然喷发造成的。这里,天空中雪花纷飞,尤为壮观。那么,这里的"雪"是怎么来的呢?原来,海卫一上火山喷发出的东西,不是滚烫的岩浆,而是白色的冰雪团块,还有黄色的冰氮颗粒。由于重力小,喷发物会慢慢地落下来,仿佛飞飞扬扬的雪花,这不能不说是太阳系的一大奇观。

为什么要开除冥王星？

最初，冥王星被发现时，美国天文学家董波错估了冥王星的质量，以为冥王星比地球还大，所以认定其为第九大行星。后经过进一步观测，天文学家发现冥王星的直径只有 2300 千米，比月球还要小。但此时，"冥王星是大行星"早已被写入教科书，因此天文学界在很长时间里对这一失误睁一只眼闭一只眼。直到 2006 年，国际天文联合会对行星进行了梳理，认为冥王星的质量还不足够大，再加上轨道非常扁，显然不符合惯例，只好将冥王星归为矮行星，并将其从太阳系九大行星中"开除！"

流星是天上掉下来的星星吗？

有时候，平静的夜空中会有一道亮光划过。有人以为这是一颗星星从天上掉下来了，其实这是流星。原来，太阳系里除了行星、卫星等较大的天体外，还有许多尘埃、碎块等物质。这些尘埃和碎块叫流星体，它们有的"结队同行"，有的"独自流浪"。当它们闯到地球大气层里时，由于速度非常快，会和空气发生剧烈摩擦，产生几千摄氏度的高温，这些流星体会因此而燃烧起来，这就是我们看到的流星。

流星在多高的天空里燃烧？

要想了解这个问题，先要搞清楚流星是什么？

其实，多数流星都是彗星分解而成的，而彗星又由许多的冰块和沙粒状物质组成，当彗星绕着太阳公转时，会渐渐分解。当然，也有许多流星来自处于火星和木星之间的小行星带，是一些小的岩石碎块。一般来讲，流星会在距离地球一百多千米的高空燃烧，有很多在 50 千米以上的空中就烧毁了。在离地球 20 千米以下时，它们会让周围的空气发红、发热，这时天空就会出现一个明亮的大火球。

为什么彗星会有尾巴？

先来看看彗星是什么？其实，彗星也是太阳系中的绕日运动一种天体，它由彗核、彗发和彗尾三部分组成。彗核主要由冰构成，当彗星接近太阳时，彗核会被加热，释放出像云雾一样的气体。和尘埃一起绕在彗核周围的大气层力，这就是彗发。彗发受到太阳风和太阳辐射影响，会产生巨大的尾巴，这就是彗尾。有时，彗尾会连成一片，形成一把大扫帚的样子倒挂在天空中。彗星环绕太阳运行时，尾部经常变换方向，但方向一定是背对着太阳的。当彗星远离太阳，尾部也会逐渐缩小。

陨石的故乡在哪里？

在太阳系里，陨石来自一个小行星带，这个小行星带位于火星和木星的轨道之间，这就是人们所说的陨石的故乡。

陨石，原是漂浮在太空中的小石块，之所以会在天空中划出一道道长长的光线，是因为它们在坠落的过程中，和大气层发生了强烈摩擦。

于是，有一些小的石块，会在这个摩擦的过程中完全燃烧掉，而那些没有燃烧掉的部分掉到了地球上，就成为陨石。据介绍，这些小行星在自己轨道上运行，不断相互碰撞，有时就会被撞出轨道奔向地球，掉到海里或陆地上。

小行星会撞上地球吗？

事实上，小行星撞击地球的概率不大，但是小行星对地球的危险撞击是存在的，下面我们就来认识一下这类地球潜在的敌人。

现在人类已发现小行星有很多，但只有 10000 颗以上被正式命名。小行星的体积较小，最大的小行星直径也只有 1000 千米，而最小则只有鹅卵石一般大小。还有一些小行星受到木星等行星引力的影响，它们的运行轨道会发生变化，其中，轨道与地球运行轨道相交的又叫近地小行星，它对地球的威胁最大，目前已知的近地小行星在 250 颗以上，而实际数量可能多达 1000 颗。

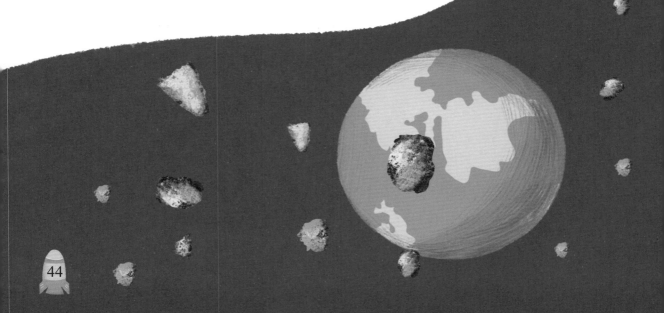

黑洞是黑黝黝的洞吗？

黑洞既不是星星，也不是黑黑的大窟窿，是有着巨大"吞食"力的天体。它有无比强大的引力，可以吞食任何东西，连光也不放过，就像是一个贪吃的超级"大嘴巴"。既然黑洞这么贪吃，那么它的"肚子"到底有多大呢？这就要说到黑洞的质量了。在银河系中，就有一个巨大的黑洞，它的质量比太阳要大十万倍。在黑洞"家族"中，科学家们还发现一位"巨无霸"，它的体积有一亿颗太阳那么大。黑洞的个头一个比一个大，难怪这个"大嘴巴"会一直要不停地吃东西呢。

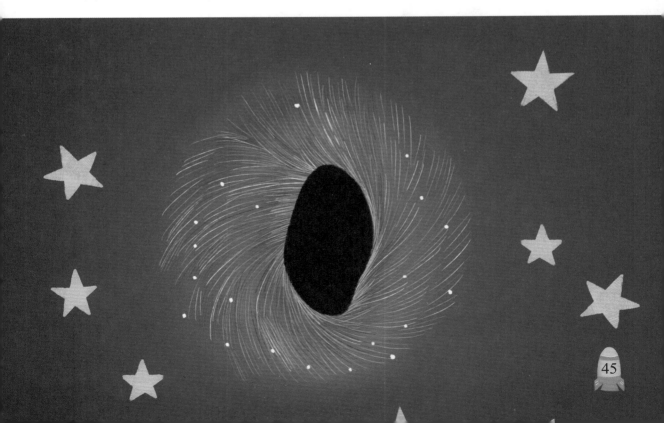

脉冲星是外星人发射的信号吗？

如果这是真的，一定是个天大的消息，将很快传遍全世界，科幻小说中描写的不吃不喝、皮肤绿色、靠光合作用生活的小绿人也许会成为现实！不过，脉冲星的发现，的确是现代天文学上的重大成果。因为这种星球上有脉冲源，它们在自转时，脉冲源会像探照灯一样，一圈一圈地扫过天空。这样，我们就觉得它们是在不停地发信号，就像深空中的一部电台在广播一样。因此有人将它和外星人联系在一起。事实上，脉冲星是一个具有超高温、超高压、超辐射和超强磁场的天体，环境极其恶劣。

为什么小鸟不能飞到太空？

这是一个有趣的问题。这就好比我们人要到太空一样，必须要通过火箭、宇宙飞船，借助这些航天交通工具才能脱离地球。虽然鸟儿高高地在天上飞，可它们是永远飞不出地球的。此外，太空里没有空气，小鸟是飞不起来的。况且太空中没有氧气和食物，鸟儿不能呼吸，填不饱肚子，只有死路一条。以鸟儿飞翔的本事，根本就进不了太空，除非它们能飞得和火箭一样快。

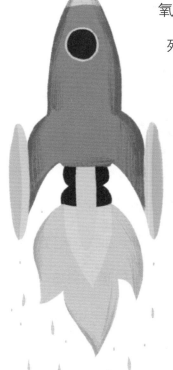

为什么太空船能飞回地球？

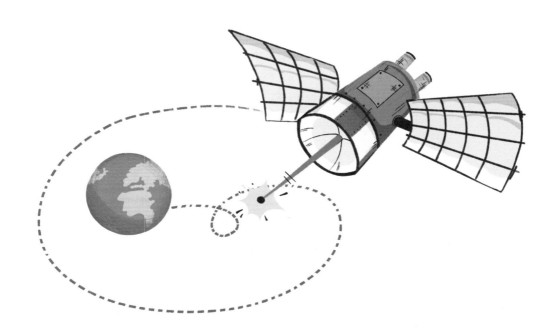

很多人好奇太空船是如何飞回地球的。原因很简单，当太空船开始下降，进入大气层时，并不是像流星那样，笔直地从数十万米高空落下，而是逐渐转成一个弧形很大的下降轨道，斜着飞下来。一般来说，它要先绕地球飞行半圈以后，再打开降落伞，这时，太空船就可以缓慢而安全地落到地面上。而地面工作人员，也会根据信号捕捉其落地位置，迅速展开搜索，在短时间内找到太空船。

第一个进入太空的是哪种动物？

第一个进入太空的动物是一只小狗，名叫"莱伊卡"。1957 年 11 月 3 日，在苏联发射的人造卫星舱室里，就载着小狗莱伊卡。由于当时无法使卫星返回，莱伊卡在进入太空的第六天由于舱内太热死去。此后，又有几只狗在太空中死去，直到 1960 年 8 月，才实现贝尔卡和斯特热尔卡两只狗平安返回地球。1961 年 4 月 12 日，苏联宇航员尤里·加加林乘坐宇宙飞船升空，事后，他开玩笑说："我实在无法理解自己是谁，宇宙中的第一个人，还是最后一只狗。"

第一次载人宇宙飞船的情况怎样？

第一个进入太空的宇航员，是苏联宇航员尤里·加加林。1961年4月12日，苏联发射了第一艘载人宇宙飞船，飞船绕地球一周后，一个小火箭点火，使其减速，离开绕地轨道，返回地球。飞船进入大气层后，船体与空气高速摩擦，温度迅速升高，加加林透过窗户看到飞船的金属外壳已被烧红。随后，又有一个火箭发动机启动，飞船再一次减速，保护舱分离，一小一大两个降落伞相继打开，接近地面时，飞船的速度降至每秒1米，最后飞船安全降落在一个偏僻小村庄的田野上。加加林环绕地球飞行了108分钟，成为第一位进入太空的宇航员。至今，已有近千人进入过太空。

宇航员在太空里怎么吃饭？

太空里可不比在地球上，由于没有重力作用，吃东西十分不方便。在失重的状态下，所有的物品都会悬浮在空中。宇航员不能像在地球上那样吃饭，他们的食物也是经过专门设计的，大都是一些液体和流体食物，储存在专门设计的密封袋子中，在袋子上连着一根吸管。宇航员就通过吸管吸食里面的食物和水。宇航员进食也分一日三餐，合理分配，样式很多，既有主食还有副食、水果等。

在太空中，人的身体会长高吗？

这个问题里似乎让你觉得很好奇。在地球上，脊椎会因为重力而被压缩。但是当你来到太空，遇到了真空环境，脊椎会尽最大可能拉长。据说，生活在太空中的宇航员，身体最多可以长高5.5厘米。根本原因在于太空中几乎没有重力，人身体中的脊椎骨会扩展变长，关节也会松弛，间隙变大，所以身体就会感觉明显地长高了。只要宇航员一回到地面，几个小时后，又会和原来一样高了。

在太空里散步是什么感觉？

在太空里，打开舱门，人几乎睁不开眼。眼前的宇宙一片漆黑，深不可测。远处的星星不再闪烁，就好像在一张巨大的地图上慢慢地游泳。不过，太空里散步也充满了危险，因为这是一种不是行走的"行走"。在太空中，还没有固定的道路可走，也没有参照物，分不清方向和物体的远近大小，更别说判断速度快慢了。因此，在太空中行走，如果没有宇航服和可以自由移动的机械臂来保驾护航，你要么会有生命危险，要么会迷失在太空中而成为人体卫星，那就永远回不来了。

宇航员在太空中出现意外，该怎么办？

如果宇航员在太空中出现意外，航天器上的自动化救生系统会自己启动有关程序，采取应急措施。对于一些比较大的问题，就需要宇航员亲自动手了。宇航员精通多门学科，判明故障原因后，他们可以启动应急备用设备，抢修故障，化险为夷。此外，一旦太空中出现紧急状况，地面控制中心会立即组成专家小组帮助宇航员寻找故障，并设法排除。地面模拟设备可以全景展现航天器上的种种状况，以慢动作再现航天器上产生故障的经过。经过会诊后，专家们制定出抢险的最佳方案，然后通过遥控指挥帮助宇航员排除故障。

太空中也有垃圾吗？

和我们在地球上一样，太空中也有垃圾，例如有火箭推进器的残骸，有意外爆炸形成的碎片，还有一些小的螺栓、弹簧等零部件，当然也包括宇航员丢掉的东西。这些太空垃圾围在地球外围，以极快的速度飞行着，极具杀伤力。也就是说，一旦有太空中垃圾撞上在太空工作的卫星或飞船，被撞的物体瞬间就会被打穿或直接被击碎！而且每一次撞击都会产生连锁反应，分裂出更多的碎片。如果有一天，在太空中地球周围挤满垃圾，人类探索宇宙的道路充满危险，那我们该怎么去探索宇宙？

为什么天文台的屋顶不是方的，而是圆的？

我们平常看到的屋顶，要么是平的，要么是斜坡形的。可天文台的屋顶却是圆形的，且是白色的，其实，有其科学性。半圆形的屋顶就是天文台的观测室，半圆形是为了便于观测。在天文台里面，那些用来观察太空的天文望远镜是不能随便移动的，因为它们非常庞大。再加上，有时候观察目标不可能在一个方向，而是分布在天空的四面八方。天文台建造成半圆形的屋顶，就是为了能观察到每一个方位。

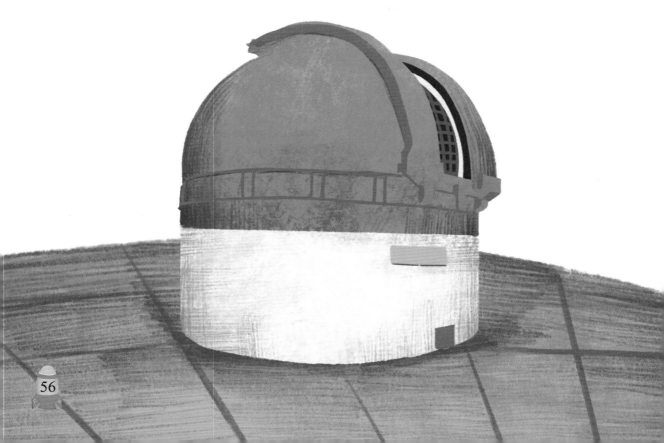

一百年后，人类是不是可以到太空采矿？

可以肯定地说，这完全是能做到的。根据研究资料看，太空中许多天体都有丰富的矿石资源，有专家预测，一百年后，人们就会派机器人到月球上采矿。月球不仅距离我们近，而且人类成功登上过月球，更为重要的是寒冷的月球上布满了山地，蕴藏着大量的矿石资源。除此之外，近地小行星上也有金属元素，有的上面还有水和有机化合物，这些大都是制造火箭、玻璃制品的重要原料。

宇宙地图，我们能看懂吗？

简单来说，地图就是按照一定的比例，用特定的符号和颜色把地球表面上的自然现象和社会现象缩绘在平面（纸）上的图形。那么，是不是也有宇宙地图呢？

目前，科学家已经绘制了完整的宇宙地图。它与简单的星图不同，上面对在宇宙中发现的所有天体的位置、定性和特点，都一一进行了详细的描述。分析宇宙地图，就知道宇宙是如何一步步形成的。150亿年前，宇宙发生了大爆炸；130亿年前，各种星系开始形成；100亿年前，银河系形成；46亿年前，地球诞生。

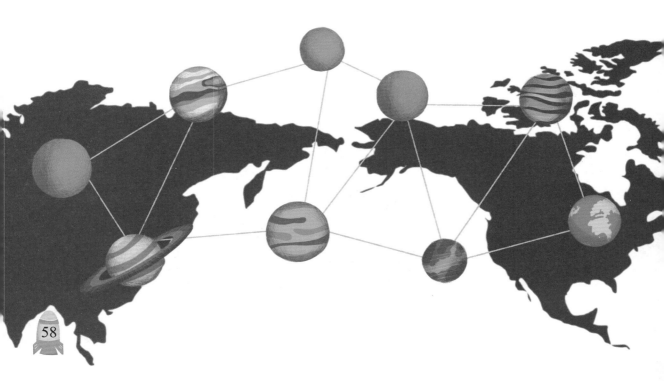

外星人真的存在吗？

在好莱坞《星球大战》中，外星人长着三角形大脑袋，细长的脖子，大嘴巴小鼻子，满脸皱纹，浑身上下光滑无毛，脚趾有蹼。外星人真的很丑吗？

目前，根据专家们掌握的各国不明飞行物资料，人们猜测到的外星人大致可分成四类：矮人型类人生命体、蒙古人型类人生命体、巨爪型类人生命体和飞翼型类人生命体。当然，除此之外还有许多其他类人生命体。外星人的形状是不是同一类型呢？有人认为，这些外星人属于同一种文明，他们还肩负着自己的特殊使命。

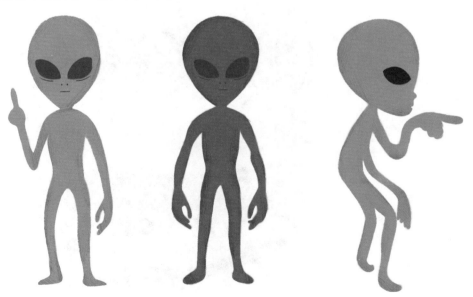

别的星球上也有生命吗？

迄今为止，人们还没有发现外星生命，但可以肯定，一定有外星生命的存在。我们的地球之所以有生命存在，有两个原因，一是地球的外面有一层大气层，二是因为地球的温度使液态水得以存在。也就是说，只要行星拥有近似于地球的环境，那么生命就有可能存在。宇宙这么大，地球绝对不是唯一适合生命生长的星球，这是肯定的。只是现在，我们还没有找到。

给奇思妙想一个科学的答案

神奇的问题

★ ★ ★

第二辑

自然大"真"探

Animals

动物

杨现军/主编　李维娜/绘

黑龙江科学技术出版社

HEILONGJIANG SCIENCE AND TECHNOLOGY PRESS

SHENQIDEWENTI

图书在版编目（CIP）数据

自然大"真"探 . 3, 动物 / 马万霞主编 ; 杨现军
分册主编 ; 李维娜绘 . –– 哈尔滨 : 黑龙江科学技术出
版社 , 2019.1
（神奇的问题 : 给奇思妙想一个科学的答案 . 第二
辑）
ISBN 978–7–5388–9866–8

Ⅰ . ①自… Ⅱ . ①马… ②杨… ③李… Ⅲ . ①自然科
学 – 儿童读物②动物 – 儿童读物 Ⅳ . ① N49 ② Q95–49

中国版本图书馆 CIP 数据核字 (2018) 第 221398 号

自然大"真"探·动物
ZIRAN DA "ZHEN" TAN·DONGWU

杨现军 主编　 李维娜 绘

项目总监	薛方闻	
策划编辑	孙　勃	
责任编辑	孙　勃　王化丽	
封面设计	青　雨	
出　　版	黑龙江科学技术出版社	

地址：哈尔滨市南岗区公安街 70–2 号　邮编：150007
电话：（0451）53642106 传真：（0451）53642143
网址：www.lkcbs.cn

发　　行	全国新华书店	
印　　刷	天津盛辉印刷有限公司	
开　　本	787 mm×1092 mm　1/16	
印　　张	4	
字　　数	50 千字	
版　　次	2019 年 1 月第 1 版	
印　　次	2019 年 1 月第 1 次印刷	
书　　号	ISBN 978–7–5388–9866–8	
定　　价	128.00 元（全四册）	

【版权所有，请勿翻印、转载】
本社常年法律顾问：黑龙江大地律师事务所 计军 张春雨

Contents 目录

动物不刷牙，为什么牙齿还那么白？

首先我们要搞清楚是什么让牙齿变黄的？其实原因有很多，比如一些药物、化学试剂，再或者生了病、营养不良，这些都能让牙齿变黄。

那么，为什么动物牙齿那么白？这跟动物们的饮食习惯有关。想想看，野生动物不比我们人类，它们过着茹毛饮血的日子，吃的是野生植物或生肉，残渣也少，破坏牙齿的微生物很难存活。进一步来说，大多数动物牙齿都比较坚固，能很好地撕咬食物，时间长了，它们的牙齿会变得更加牢固。不仅肉食动物如此，草食动物也是如此，它们的牙比肉食动物更健康、更白。

鸟儿的牙齿去哪儿了？

其实鸟儿的祖先是长着牙齿的，后来在进化过程中发生了改变。这也是生存的选择。

鸟类属于飞行物种，活动强度比较大，身体的新陈代谢频率也比较快，每天要消耗大量的能量。所以，它就不能像爬行动物那样，通过细嚼慢咽来消化食物，取而代之的是另一种取食方式，就是不用牙齿，而是用锥形嘴巴啄食，然后将整粒或整块食物快速吞下，将食物贮藏在发达的嗉囊中。食物在嗉囊中经软化后，逐步由砂囊磨碎，再由消化系统的其他部分继续加以消化、吸收。久而久之，牙齿就退化没了。

为什么鸟站在树上睡觉不会掉下来呢？

鸟儿也要睡觉，有的鸟儿是一只脚站在树上睡。

很多人都很好奇，站着睡觉的鸟儿不会掉下来吗？这是因为鸟类的腿脚构造与众不同。

鸟儿在睡觉时，会用爪子紧紧抓住树枝。它们从大腿肌长出的屈肌腱可以向上延伸到鸟的膝，向下绕过踝关节，到达各个趾爪的下部。这样的身体结构，意味着鸟儿在树上休息时，身体的重量会使它自然屈膝蹲下，致使腿脚的肌腱拉紧，爪子就会收拢，紧紧抓住树枝，就可以很安全地在树上睡觉，所以不必担心鸟儿会掉下来。而鸟儿站立起来时，它腿脚的肌腱又会重新舒展开。

为什么母鸡下蛋会咯咯叫？

简单点说，母鸡下蛋后咯咯叫是母鸡高兴的表现。母鸡下一个蛋，是一件不容易的事，短的要 10~20 分钟，长的要四五小时。有意思的是，刚进产蛋箱的母鸡，如果你去捉它，它会逃出来，可是等它孵到一定的时候，你再去捉它，它只会竖起毛来，用嘴啄你的手，而不会逃走。

这是因为这个鸡蛋马上要下出来了，母鸡正在集中精力下蛋。下一个蛋是要消耗母鸡不少体力的。所以，母鸡下完蛋后会咯咯叫，这是轻松高兴的表现，也是它在向公鸡通报好消息。

为什么有的鸟类会不认识自己的蛋?

到繁殖的季节,鸟儿们开始搭巢孵卵。要是把鸭蛋放进正在孵蛋的母鸡窝里,母鸡会把鸭蛋当作自己的蛋孵化。或许有人会问,其他鸟儿是不是也会像母鸡一样不认识自己的蛋呢?据观察,海燕也认不出自己产的蛋。有人竟然取出海燕的蛋,换上了石块或土豆,这家伙根本认不出这些假蛋,照样伏在上面孵蛋。可见,鸟类对于自己的蛋并不熟悉。

不过,这让一些懒鸟有机可乘,杜鹃就是其中之一。它们会偷偷地来到其他鸟的巢中,移走人家正在孵化的蛋,把自己的蛋放进去。最后,小杜鹃就这样被抚养长大,直到羽翼丰满,它们就振翅高飞了。

为什么猫头鹰总是睁一只眼闭一只眼？

其实，这是猫头鹰休息时的聪明办法。猫头鹰的眼睛特别大，这让它能清楚地看清猎物。尤其是在夜里，站在树梢上的猫头鹰酷酷的，像个哨兵。但是白天的光线比较强，猫头鹰要是睁开两只眼睛，它的眼睛会受不了光线的刺激。所以，猫头鹰在白天就需要闭眼休息。可是在休息时，它还得防范敌人，因此就睁一只眼闭一只眼了，而且，猫头鹰的左右脑也跟着轮换休息。

啄木鸟不停地啄树干，会不会头晕头疼呢？

啄木鸟一天啄木的次数至少上万次，甚至几万次，有人担心它会不会头晕、头疼？我们的担心是多余的。啄木鸟的头颅内有一种防震结构，可以缓冲敲击带来的巨大撞击力。它的下颚是由强有力的肌肉与头骨联结在一起的，在撞击之前这些肌肉会快速收缩，起缓冲作用，让撞击力传到头骨底部和后部，绕开大脑。

啄木鸟用坚硬的嘴巴不停地快速敲打树干，除了寻找食物，还靠它在树干中挖洞建巢，互通消息，甚至向同类示威。

为什么猫喜欢被抚摸脸颊？

猫 是一种讨人喜欢的动物，常常被人当作宠物来养。不知道你注意过没有，猫特别喜欢被人抚摸，有时候甚至会仰着头让你抚摸。这是为什么呢？其实，是因为猫特别渴望被关爱，当人把温暖的手放在猫身上时，这种触感就和猫妈妈抚摸小猫的感觉很相似。因此，不少小猫即使已经成年了，仍然很渴望被抚摸。

另外，猫的头部、下巴，特别是嘴角，即脸颊两侧部位特别敏感。在抚摸猫的下巴时，它会一动不动地眯着眼睛，表现出陶醉的样子，十分可爱。

为什么猫喜欢吃老鼠？

自古以来，老鼠和猫就是不共戴天的敌人。其实，猫喜欢吃老鼠，是因为猫是夜行动物。为了能在夜间看清事物，需要补充大量的牛磺酸，而老鼠就富含牛磺酸。

猫的眼睛里有一种视杆细胞，所以只要有微弱的光，它们就能够觅取猎物。猫是一种夜视能力较强的肉食性小兽，鼠主要也在夜间活动。

鼠的个头大小刚好合适，老鼠就自然成为猫的菜单上的首选了。民间有种传说，相传上天要召开生肖大会，狡猾的老鼠竟欺骗了猫，最后和猫结成了仇家。当然，这只是一种传说，不足为信。

为什么非洲雄狮可以不狩猎？

其实，这是由于狮子家庭中的分工造成的。狮子属于群居动物，而雄狮更是狮群中的"家长"。在狮群中，雌狮主要负责打猎和照料幼狮，而雄狮的工作就是保卫狮群不受外来动物的威胁，并保证家庭成员的安全。

也就是说，一旦有其他狮群的成员侵入领地，或者有自己的成员遭到袭击，那么雄狮就会勇敢地对付侵略者。这样看来，一天中几乎有 20 个小时在休息的强壮的雄狮并非算是偷懒了。

为什么斑马会长长条纹？

在非洲草原上，斑马身上的黑白条纹非常显眼。可别小看这身特殊的"衣服"，它可是斑马的保护服！你知道吗，要是这种条纹被月光或阳光一照射，反射的光线就会让对手感觉模糊一片，像施展了迷魂大法一样，看不清轮廓。就算十几只斑马站在灌木丛中，你也很难看清它们。

当狮子或猎豹扑向斑马时，它们的眼睛也会被这些条纹迷惑，不知该扑向哪里好，等反应过来时，斑马群早已逃之夭夭了！斑马是使用迷魂阵的高手，其秘诀和条纹有很大关系。

为什么马要站着睡觉？

猫咪和狗狗是侧身躺着睡觉的，牛和羊是跪着睡觉的，可你一定不知道，马是站着睡觉的！哇，好神奇！这是为什么呢？

每种动物都有自己的生活习性，而马站着睡觉就属于马的特有习性。据说在 5000 年前，马还没有被驯养，大都生活在草原上。它们是草食动物，经常会遭到肉食动物的威胁，并随时有遭到伤害以致丢掉性命的可能。

残酷的生存环境使它们必须昼夜保持警惕，连睡觉都要保持站立的姿势。时间久了，这个姿势就变成了习惯，一直到现在。不过，要是没什么危险，马也会把头搭在背上睡觉。另外，也有个别马喜欢躺倒在地，伸着脖子和腿入睡，甚至还打呼噜。

为什么狼总是在夜间发出可怕的嗥叫？

狼是一种可怕的动物，总是喜欢在晚上出来活动，并且是团队出行，分工协作，对抗外敌。它们夜间外出捕食时，通过嗥叫来呼朋引伴，互相传递消息，如公狼呼唤母狼，母狼呼唤小狼等。当然，如果是在繁殖期，它们也要通过嗥叫来找配偶。

狼是领地意识很强的动物，有时通过嗥叫来警告入侵者或是为了把陌生的狼赶走。

嗷呜

13

为什么狗会对陌生人汪汪叫？

汪汪，一旦有陌生人靠近，狗就会不停大叫。为什么狗要对陌生人汪汪叫？这还要回溯到很久以前。那时，狗还没有进入人类世界，它们还是野生动物，成群结队生活在一起。每当有敌人靠近时，最先发现的狗就会汪汪叫，通知其他伙伴，叫声成为相互告知的信号。

现在，狗大都养在家里，它们把主人看作朋友，把主人的家看成是自己的家。当有陌生人走近时，它就会大声叫，以引起主人的注意。

为什么牛的嘴巴老是嚼个不停？

这是因为牛的胃很独特，它的胃液有四室。它在吃东西时不嚼彻底就先吞进瘤胃（第一个胃），等有时间了，再把粗糙的食物吐回嘴里，继续咀嚼，这就是反刍。等嘴里的食物完全磨碎后，牛会将食物再次吞进瘤胃，然后依次经过网胃、瓣胃、皱胃，这样整个反刍过程才宣告结束。牛对自然环境的这种适应行为，有助于它们在旷野里快速吞食，一旦发生危险，它们就会迅速逃跑，等躲到安全处或者闲暇下来再慢慢咀嚼、消化，保证能量供应。

为什么驴喜欢在地上打滚？

驴 经常在地上打滚，看起来非常有趣。这是驴与众不同的洗澡方式。

驴身上常有寄生虫，会让它们浑身奇痒无比。为了去掉毛里的寄生虫，驴在休息的时候就经常在地上打滚。这样，通过皮毛和地面的摩擦可以除去寄生虫和止痒，又能舒筋活血，快速恢复体力，一举两得。驴和马、牛、羊一样，都是人类的好帮手。虽然它没有马和牛力气大，但也是运输、犁地等农活的一把好手呢。

为什么说猪这么蠢？

猪一向长得肥头大耳，吃饱了就睡，给人的印象不是蠢，就是笨。人们常"笨得跟猪一样"，猪真有那么笨吗？动物学家们研究发现，只要经过一定训练，猪比狗还聪明，它能跳舞、打滚、拉车等等，一点也不比狗差。另外，人们发现猪也有感情，它会用不同的吼声、咆哮声等声音来表达自己的想法。

猪的嗅觉很敏锐，在德国汉诺威市警察局的警犬训练学校曾专门训练了一头野猪去查找毒品，它用鼻子还真发现了犯罪分子窝藏的毒品和枪支，一点也不可小瞧。所以，说猪笨只是人们的主观说法罢了，不足为信。

猎豹是世界上跑得最快的动物吗？

自然界有许多善于奔跑的动物，如非洲羚羊、角马羚等，要说真正的"短跑之王"非猎豹莫属。猎豹的身体清瘦，腿很长，而且它的脊椎骨很柔软，这些身体结构能够使它迈出很大的步子。另外，它的爪子又长又细，在奔跑时可以用力抓紧地面，就像穿上了钉鞋的短跑运动员。一只成年猎豹能在几秒之内达到每小时100千米的速度，并迅速捕获猎物。虽然猎豹有无与伦比的奔跑速度，却缺乏其他动物的耐力，如果猎豹不能在短距离内捕捉到猎物，它就会放弃，等待下一次出击。

当然，要是猎豹失去了快速奔跑的能力，也就只能是乖乖地饿肚子，而它们的命运也只能是被大自然无情地淘汰。猎豹每次只捕杀一只猎物，一天行走的距离最多10千米。

为什么长颈鹿的脖子那么长？

长颈鹿的脖子并不是开始就这么长，而是自然选择的结果。大约 2000 万年以前，长颈鹿的脖子有长有短，腿也不长，吃的是地面上低矮的植物。后来，地球的气候出现了变化，环境也发生了变化，随着矮植物变少，长颈鹿的生存面临困难。为了生存，长颈鹿就要时刻努力伸长脖子，吃树上的嫩叶子。慢慢地，短脖子的长颈鹿被自然淘汰了，长脖子的长颈鹿一代代地生存下来。

现在，长颈鹿站立的时候，长脖子像一座高高的瞭望台，这有利于它们警戒、放哨和了解敌情。

骆驼的驼峰是用来储存水的吗？

大多数人都以为，驼峰是骆驼用来储备水的器官，甚至把驼峰想象成一只大大的水囊。其实，驼峰里并没有水囊，也不直接储存水分。那么，驼峰里储存的是什么？是很多人最最痛恨的东西——脂肪。这么说吧，骆驼要穿越茫茫大漠，大漠中不仅缺水，也缺少食物。所以，骆驼需要自己储备能量。

骆驼的脂肪一方面可以提供能量，另一方面在氧化后也会形成一部分代谢水供给身体使用。从这个角度来看，驼峰用来装水的说法虽然有些片面，但也不是完全错误的。

野生大熊猫为什么只有中国才有？

说到大熊猫，它可是我们国家的国宝，也是珍稀动物的代表。为什么只有中国有大熊猫？这就要追溯到大熊猫的起源了。从目前的化石来看，800万年以前就有熊猫了。

那时候，它的名字叫始熊猫，是由熊演化而来，主要生活在今天我国云南一带和越南，这里气候温暖潮湿，食物也比较丰富，适宜生存。在欧洲匈牙利和法国的森林也有熊猫。可是，后来由于冰川作用，欧洲的大熊猫灭绝了。

只有我国的大熊猫幸运地活了下来，它们主要栖息在四川、陕西、甘肃交会的地方。大熊猫之所以稀少，与大熊猫成熟晚、对配偶有选择性等原因有关。

在野外，遇到熊装死有用吗？

熊十分可怕，在我们的印象中，似乎有一条生存法则：如果有一天遇到熊，通常的做法是马上装死！因为熊是不吃死人的，这样可以躲过一劫。其实，这是一个误区。因为熊是典型的杂食动物，无论动物植物，什么都吃，连一些腐肉也不会放过。对吃东西从不挑剔的熊来说，想让它放你一马是不可能的。那该怎么做？遇到熊时，首先要保持镇静，不要试图和熊对视，这对熊来说意味着挑衅，更不要突然做出任何举动。

熊在大多数时候并没有侵略性，它们站立起来往往只是观察你是否对它造成威胁，再判断该如何逃跑。

为什么大象喝水不会被呛着?

当然不会。在大象体内，它的气管和食管是相通的。如果你仔细观察，会发现在大象鼻腔后面有一块软骨，它起着"阀门"的作用。当大象用鼻子吸水时，水便进入大象的鼻腔内部。这时受大脑中枢神经的支配，大象喉咙部位的肌肉就会收缩，使食管上方的软骨暂时将气管口堵上，这样"阀门"就暂时关闭了，水就由大象的鼻腔进入食管，而不会进入它的气管，不会呛入与气管相通的肺内。

当大象需要把鼻腔内残留的水喷出来的时候，软骨周围的肌肉便会放松，这时，软骨离开了原先的位置，"阀门"便自动打开，呼吸正常进行，大象便可以通过呼气将水喷出。

为什么小·松鼠能轻松找到藏的过冬食物？

小松鼠拥有相当出色的食物管理技巧，能准确记住储备食物埋藏的位置，例如通过土壤被翻过的痕迹，以及从地下传来的食物香味，等等。这些储备是一些植物干果以及种子。其实小松鼠的记性并不好，它找到的过冬粮食仅占它储藏的一小部分。

有调查显示，小松鼠自己藏的坚果80%都记不起来位置，我们常常看到小松鼠轻松找到过冬食物只是表面现象。小松鼠喜欢乐此不疲地收藏坚果，反正不吃就藏起来，"仓库"满了，就换个新的。

负鼠为什么要装死?

这是它们的生存法则,因为负鼠的天敌很多,比如狼、狗等。在美洲的负鼠,外形很像老鼠,属于比较原始的有袋类动物。小的负鼠只有老鼠那么大,最大的像猫一样。负鼠打不过自己的天敌,只能用这样的方式活下来。所以,当负鼠遇到危险,就开始飙演技了,它会突然倒在地上装死。

平时,负鼠都在树上活动,来去小心翼翼,怕一不小心掉进敌人的陷阱。如果装死这招还不灵验,它就会从体内排出一种恶臭的黄色液体,喜欢吃鲜肉的狼、狮、虎、豹被骗得摸不着头脑,只好悻悻而去。

为什么河马白天喜欢待在水里？

仔细观察的话，就会发现河马每潜水几分钟，就要将头露出水面呼吸。可以说，除了睡觉时上岸外，河马大部分时间都生活在水里。其实，这是因为河马的皮肤很厚，而且特别干燥，除了耳朵、嘴巴和尾巴上有一些稀疏的毛外，其他地方都是裸露的。

在非洲草原强烈的太阳光照射下，要是没有水的滋润，它裸露的皮肤就会干裂，甚至流血。尤其到了夏天，河马更舍不得离开水，只有泡在水里才能感觉到凉爽。所以，河马白天泡在水里，也是躲避酷热、适应生存环境的方式。

角马是牛还是马？

角马的头有些像牛，身子有些像马，蹄子像羊，而尾巴又很像驴，简直就是用这几种动物拼凑起来的怪物。严格地说，角马既不是牛，也不是马，而是一种生活在非洲草原上的大型羚羊。角马生活在热带草原，这里分为明显的雨、旱两季。雨季时，植物繁茂；旱季时，植物一片枯黄。所以，每年旱季来临，角马都会来一场大规模的迁徙，向北半球迁徙到热带雨林边缘水草肥美的地方继续生存，雨季时再迁徙回来。

这是一段3000千米的漫长旅程，途中不仅要穿越狮子、豹埋伏的草原，还要跨越布满鳄鱼、险象环生的马拉河，真的是场大冒险，许多角马死在了迁徙路上！即使如此，也无法挡住角马迁徙的步伐，因为这是它们保全生命的一种选择。

为什么鳄鱼流眼泪被说成假慈悲？

形容一个人假慈悲时，我们常说"鳄鱼的眼泪"。因为有鳄鱼在撕咬小动物的时候，会流眼泪。其实，鳄鱼流眼泪，并不是假慈悲，只不过是在排泄它体内多余的盐分。

原来，在鳄鱼的眼睛处有一个专门分泌眼泪的小囊，能够把多余的盐分收集起来，再通过眼睛，像眼泪似的淌出来，看起来确实像鳄鱼在流泪一样。所以说，鳄鱼流眼泪并不是伤心的表现。

呜呜~

为什么蛇没有脚还爬得那么快?

很多人想过,但没有人去深究这个问题。人们都以为蛇是软绵绵的动物,身体里没有骨头。其实,蛇的身体里有许多骨头,在它们的腹部也有和我们人类一样的肋骨。

蛇是一种很神奇的动物,它全身长满了鳞片。在蛇的腹部有100多片腹鳞,前后排列着。

蛇要运动时,它的肌肉会进行有节奏的收缩,肋骨则牵动鳞片,向前移动。通常,蛇会按"之"形或"S"形扭动身体,向前移动。这些鳞片起到推动身体向前滑动的作用,所以蛇即使没有腿和脚,仍然可以快速移动身体。

29

为什么小鱼是近视眼，但从不会撞在一起？

鱼没有眼睑，是闭不上眼睛的。鱼的眼睛结构与我们人类的十分相似，只是水晶体的形状有些差异。人眼的水晶体是扁圆形的，可以看到远处的物体。而鱼眼的水晶体是圆球形的，其弯曲度不能改变，只能看见近处的物像。不过，虽然鱼近视，但反应却很灵敏。比如，钓鱼的人往往还没来得及放下鱼钩，鱼都跑光了。这是因为鱼在水中能够通过光线的折射看到陆地上的物体。但是，鱼所感觉到陆地上的物体的距离通常比实际距离要近得多，位置也要高得多。

为什么说鱼也放屁？

不光人会放屁，鱼也会放屁，或许有人觉得好笑，但这是真的。和我们人类一样，鱼的肚子里也会产生气体，这些气体也是经过排泄道排出。这同大多数动物都是一样的，只是鱼对排泄物的处理方式与众不同。

原来，鱼会把体内新陈代谢的废物先用一根细细的凝胶管子包裹住，然后再排出体外，而这根管子包容了消化过程中产生的所有气体。因此，平常人们看到的只是从鱼排泄道排出的细管，也就是鱼屎。这些鱼屎不是沉入水底，就是漂浮在水中。鱼要是不排出体内的气体，就无法保持身体平衡，这也是它们放屁的原因。

小·海马是海马爸爸生的吗？

海马其实根本不是马，而是一种鱼。之所以叫海马，是因为它的头很像马。在自然界，几乎所有的动物都是雌性生小宝宝，可海马却是一个例外，是由海马爸爸来完成的。在雄海马的腹部有一个孵卵囊，和袋鼠的"育儿袋"有点相像。这育儿袋中有许多分支血管，可以保证供应"胎儿"的营养。每次孵卵囊大约可以装 300 只小海马。到了繁殖的季节，雌海马就把卵产在雄海马的孵卵囊中。受精卵在孵卵囊中获取所需养分，进行胚胎发育。等小海马发育成熟后，雄海马就要临产了。

这时，雄海马会用尾巴钩住海草茎，不断地来回弯曲或伸展身体，在一弓一仰的动作中，一只小海马就从囊中出生了。新生的小海马长约 4 厘米，出生不久就学会摄取水中的小生物了。

为什么比目鱼眼睛长在同一侧？

比目鱼非常不一般。它天生有一副怪相，眼睛长在同一侧。其实这也是它对环境慢慢适应的结果。当比目鱼从卵孵化成小鱼时，和别的小鱼一样眼睛长在头部两侧。长到20多天，由于身体各部分发育不平衡，比目鱼就逐渐地把身体侧过来游泳，于是开始侧卧在海底下生活。

与此同时，它下边一侧的那只眼睛，随着眼下软带的增长，逐渐经过脊背上移到达上面的一侧，与上面原来的那只眼睛并列在一起，到适当位置后，移动的那只眼睛的眼眶骨就长成了，以后不再移动而固定下来。两只眼睛全在上边的一侧，对于比目鱼捕捉食物或发现敌害是很有利的。

海豚能听懂人说话吗？

海豚是人类的朋友，它们十分乐意与人亲近。尤其是在海洋馆里，当海豚表演的时候，只要训练员随便做出一个动作，海豚都能应付自如，有时还会跟着训练员打的拍子"唱歌"，让人不可思议。

其实，虽然海豚很聪明，但这并不是说海豚就能听懂人说话。这么说吧，海豚做的每一个动作，都是训练员对它们长期训练的结果。在训练的时候，训练员会拿一些海豚喜欢吃的东西来吸引它，等海豚做好了一个动作之后，训练员就奖给它们一些好吃的。随着训练次数的增加，海豚就熟悉了训练员的指令，并能做出相应的动作。所以说，海豚是听不懂人说话的。

为什么说蓝鲸是地球上最大的生物？

在这个星球上，恐怕再也没有谁比蓝鲸更大了，它称得上是现存最大的动物，光体长就达到 30 米，体重更是惊人，接近 200 吨。还有更夸张的，它的心脏像汽车一样大，舌头也是大得惊人。你知道它吃什么吗？说出来，绝对让你吃惊。生活在大海里的蓝鲸，以磷虾为主要食物。

蓝鲸吃东西时，张开大嘴，等海水和浮游生物进入它的嘴里，然后一闭，海水从须缝排出，各种浮游生物就被吞进肚子了。蓝鲸胃口很大，特别爱吃磷虾，一天就可以吃掉四五吨磷虾。

为什么说袋鼠妈妈的口袋很神奇呢？

我们都知道袋鼠妈妈有个像口袋一样的育儿袋，对于小袋鼠们来说，这里是最温暖安全的地方。

在小袋鼠出生前，袋鼠妈妈就会用舌头把育儿袋清理干净，迎接小袋鼠的诞生。刚出生的小袋鼠连眼睛都睁不开，却能奇迹般地找到口袋，找到乳头吮吸甘甜的乳汁。这个口袋里有袋鼠妈妈的乳房，小袋鼠只要唇部紧裹乳头，袋鼠妈妈乳房的肌肉就会自动收缩，乳汁就像自来水一样自动喷出，源源不断地流进小袋鼠的口里。它们在妈妈的口袋里一住就是 8 个月，才慢慢去独立生活。

为什么说寒号鸟不是鸟?

在许多人印象中,都把寒号鸟当成鸟,还是一种懒鸟。其实,寒号鸟根本不是鸟,而是一种哺乳动物,名叫鼯鼠。它很像松鼠,生活在海拔1200米的树林中,喜欢在悬崖绝壁的石隙垒窝,尤其喜欢在夜间活动,常发出"哆啰哆啰"的叫声。因它生来就惧怕寒冷,日夜不停地号叫,而被人俗称为"寒号鸟"。由于没有翅膀,它会从山巅滑向低处,然后再爬上峭壁,堪称"爬山能手"。

喜鹊是不是好鸟？

在中国，喜鹊是一种常见的鸟。以娇小的体态、细长的尾巴、光亮鲜艳的羽毛、清脆悦耳叫声博得了人们的喜爱。如果在清晨，当人们听到喜鹊欢快的叫声，或者看到它们在枝头欢快地飞来飞去时，人们会认为是喜鹊在报喜，是好兆头。因此，在我国民间就把喜鹊看作是吉祥的象征，称它为"吉祥鸟"。

不过，喜鹊确实是益鸟，是人类的好朋友，被称为"庄稼卫士"是名不虚传的。金龟子、蝼蛄、蝗虫、松毛虫等这些危害庄稼的害虫，都是它菜单上的主食，它还会吃一些蜗牛、谷子及花、果、杂草的种子。但喜鹊会报喜，这个说法只不过是古人的一种愿望罢了。

鹦鹉真能说话吗？

你好！

你好！

自然界中有些鸟类特别善于模仿，且能以假乱真。

其中，鹦鹉应该是模仿人类声音最像的。

那么，它们真的能说话吗？虽说鹦鹉会说一些简单的话，有时候还会哼唱曲子，但这只是它们听觉灵敏和鸣管发达的缘故。所以，只能算是在声音上模仿，不能算说话。

另外，鸟类的大脑比我们人类简单多了，根本就不可能理解我们的语言，自然也就不会说话。鹦鹉只会说人们教的话，并不懂它们说的话是什么意思。有时天黑了，它也会对你说："早上好！"

孔雀为什么要开屏，是要比美吗？

孔雀是一种异常美丽的鸟，开屏的孔雀更美丽。有人说，孔雀开屏是要比美，真的如此吗？孔雀的屏由许许多多的羽毛组成，最长的达 160 厘米；颜色绚烂，有翠绿、青蓝等多种颜色，周围镶着黑边；羽毛的末端还长着闪亮的大"眼睛"，会随着位置和光线的变化而变换颜色。其实，只有雄孔雀才有这么美丽的尾屏。每到繁殖季节，雄孔雀便会将尾羽尽情展开，以引起雌孔雀的注意，向雌孔雀示爱。

当然了，有时当孔雀遇到敌人的袭击时，也会展开尾羽，用尾羽上的大眼斑吓唬敌人。孔雀的尾屏并不是孔雀真正的尾巴，而是身体后部的羽毛，当它开屏时，尾屏由尾巴支撑。

为什么企鹅的脚不怕冷？

企鹅可以说天生就是御寒斗士。要知道，南极可是地球上最冷的地方，有许多动植物都无法在此生存。企鹅的祖先经过千万年暴风雪的洗礼，全身的羽毛变成了重叠、密集的鳞片状，海水难以浸透这种特殊的"羽被"，即使是零下近百摄氏度的酷寒，也难以攻破它的保温防线。

企鹅的脚直接接触冰面，因此上面的鳞片也是最为紧密的，同时，它的皮下脂肪特别厚，这也为保持体温提供了保证。企鹅的脚有了脂肪的保护，加上常蹲着用腹部盖住脚面，自然就不怕冷了。

发生什么情况，变色龙才会变色？

通常变色龙在遇到敌人时会变色。变色龙大都生活在树下或树叶茂密的地方，有时也会躲在低矮的灌木丛里。一旦遇到比自己凶狠的动物，变色龙会立即变换身体颜色，让对方发现不了自己。

其实，这就是一种伪装术，一下就把敌人搞糊涂了。有时，变色龙会高明地把自己伪装成一节树枝或一堆树叶。它在遇到同类时，身体也会变色。例如，雄变色龙发现自己的地盘被同类占领了，身体会变成亮色。

这是在警告同类：赶快离开，否则我会对你不客气的。

为什么蝙蝠喜欢倒挂着睡觉？

蝙蝠是哺乳动物中比较特别的一类，它的睡觉姿势也很奇怪，总是后脚爪钩住屋檐，身体倒挂，头朝下睡觉。你不知道，这种倒挂的怪姿，对蝙蝠来说，还是好处多多呢。

首先，倒挂的睡姿，使蝙蝠的身体不会碰到冰冷的岩壁，从而可以保持身体的温度。还有，蝙蝠的腿部力量很小，它不能够行走，爬行时也要借助翅膀的力量才行。如果是趴着，它就很难起飞。所以，蝙蝠平时倒挂身体，当遇到危险时，只要把爪子一松，身体往下一沉，就可以逃之夭夭。

为什么树袋熊会吃妈妈的大便？

树袋熊，与中国的大熊猫一样出名。树袋熊虽被称为熊，可与熊却没有一点关系，它是素食主义者，以桉树叶为食。树袋熊过着独居生活，到了繁殖季节，雌雄树袋熊才有一次短暂的相聚。此后，抚养宝宝的任务，就只好由树袋熊妈妈来承担了。

大约 6 个月大的时候，树袋熊宝宝开始探索这个世界了，第一步就是学会吃桉树叶子。可是树袋熊宝宝的消化系统还不会消化这种食物，树袋熊妈妈就会排出一种特殊的绿色便便，这种便便里面有消化过的桉树叶子和大量帮助消化桉树叶子的细菌。这样，树袋熊宝宝就靠吃妈妈的便便来获得营养和消化桉树叶子的能力。

为什么犀牛身上总有一只鸟？

原来，犀牛的皮肤非常硬，刀砍不入，针扎不进，可是皱褶却很多。因为皱褶皮肤又薄又嫩，一些小虫子特别喜欢藏在里面，去叮咬、吸食犀牛的血，犀牛难受极了。于是，不知从哪就飞来了一种鸟，它是专门来吃掉那些叮咬犀牛的小虫子的，所以就有了"犀牛鸟"的名字。因为能帮助到犀牛，又有很多食物，所有它们常常形影不离。有时有猎物在，犀牛鸟也会及时地通知犀牛，可谓互惠互利。

为什么萤火虫会发光？

萤火虫发光是一种看家本领，这和它们的生活息息相关。你可别小看了这本领，联络情报、传宗接代都要靠这"灯光"。"灯光"的颜色不同、时间间隔不同，传递的信息也不同。每到繁殖季节，雄萤火虫每隔5.8秒就闪一次淡绿色的荧光。如果雌萤火虫有意，就会以每隔2.1秒发一次荧光作为回应。

看到了这"灯语"，就如看到"佳人"的心，雄萤火虫立即以最快速度赶去共度良宵！此外，这灯光还有警告的作用。一旦遇到危险，萤火虫会立刻发出橙红色的闪光，警诫同伴："快离开，危险！"

如果亮出绿色的闪光，意思是："平安无事！"

为什么蜜蜂蜇人后会死去？

你有没有被蜜蜂蜇过？我想，那一定是很痛苦的经历吧，甚至要忍受很长时间的痛苦。但是在关注自己伤势的同时，你观察过蜜蜂在蜇完人后，它自己怎么样了吗？蜜蜂蜇人的刺针是由一根背刺针和两根腹刺针组成的，其末端同体内的大、小素腺及内脏器官相连，刺针尖端带有倒钩。也就是说，在蜜蜂蜇人后，刺针的倒钩挂住人的皮肤，使刺针拔不出来，但蜜蜂又必须飞走，飞走时一用力，就把内脏拉坏甚至拉脱掉，因此蜜蜂蜇人后是会死掉的。

所有的蚊子都吸血吗？

到夏天，所有人都会为蚊子而烦恼，因为蚊子吸血，然后会在叮咬的地方留个包，又疼又痒。

有人会问了，是所有的蚊子都吸血吗？其实，在蚊子的世界里，只有雌蚊子会吸血，而雄蚊子是不吸血的。雌雄蚊子的食性天生就不一样，雌蚊子偶尔会吃一些植物液汁，但是，一旦婚配之后，就非得吸血不可。这是为什么呢？因为只有吸血，雌蚊子的卵巢才会发育，否则，就无法繁衍后代。而雄蚊子却是天生的"素食者"，专门以植物的花蜜和果子、茎、叶的液汁为主要食物。

为什么苍蝇能传播细菌而自己不生病？

苍蝇是携带病菌的媒介昆虫，绝大部分细菌对人体是极有害的，但它们却能在苍蝇体内存活或繁衍。可你发现没，苍蝇却不会受到细菌的危害，原因是苍蝇体内的细菌主要躲藏在消化道里。

许多细菌，尤其是人类容易感染的细菌，在苍蝇的消化道内仅存活5~6天，之后，这些细菌就会死亡或随粪便排出体外。另外，苍蝇体内还有一种抗菌性活性蛋白，使它们免受细菌的危害。正因为如此，即使苍蝇待在很脏的地方，自身携带着大量的细菌，也不会受到感染。

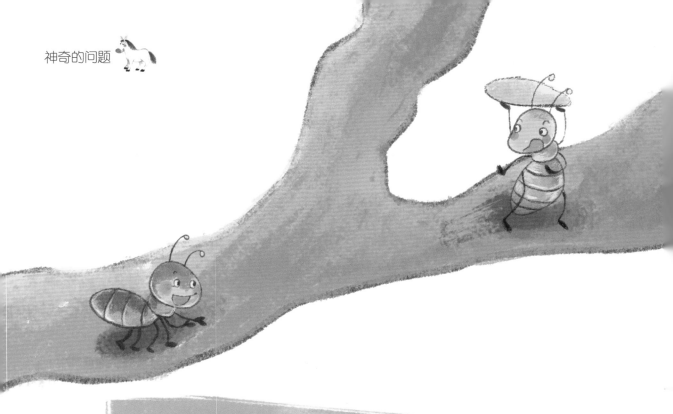

为什么蚂蚁王国不会有交通拥堵？

很多人以为，成千上万的蚂蚁外出觅食，相互之间很可能出现拥堵。

如果你仔细观察的话，会发现蚂蚁世界却是非常有趣的：蚂蚁之所以能够避免交通拥堵，是基于蚂蚁之间的相互交流。如在同一条道路上有可能发生道路拥堵，返回的蚂蚁会主动向迎面走来的伙伴发出信息，告诉对方前面交通拥堵的状况，让伙伴选择另一条道路通行。这样，伙伴们就选择另一条路了，因此避免可能出现的交通拥堵，从而也获得了最好的通行效果，是不是很聪明！

蜈蚣走路到底会不会踩到脚？

在中国古代医学上，大夫习惯把药用蜈蚣叫作"百足"，难道蜈蚣真有100只脚？其实不然。自然界的蜈蚣种类很多，有些蜈蚣步足又多又短，有35对的，45对的，最多的能达到173对，真有点数不清了。

有人会担心它会不会踩到自己的脚？其实，说起这个问题，是和它的运动方法有关。蜈蚣走路跟我们熟悉的蛇的运动十分相似。蛇怎么运动？它是靠改变腹鳞的间距移动，蜈蚣则是靠改变足的间距移动，说白了就是临近足的移动方向是一致的，所以不会踩到自己的脚。

为什么雌螳螂要吃掉自己的丈夫？

小的螳螂,在地球上已经生活了几千万年,之所以能生生不息,除了与它们适应性强、捕食范围广有关外, 还跟它们繁殖后代的行为有关。螳螂成虫的体型是雌的大,雄的小,也可以说是"大媳妇"嫁了个"小丈夫"。

当雌螳螂要生宝宝时, 它会用自己的前足将雄螳螂的头牢牢钳住, 然后张开嘴, 将自己的丈夫吃掉。而对雄螳螂来说, 似乎也心甘情愿。雄螳螂看似英勇无私的行为, 其实也是繁殖后代的需要。因为雌螳螂依靠捕食小虫远远不能获得繁殖后代的营养, 所以, 必须牺牲掉雄螳螂来获取充足的养分。

为什么蜘蛛自己不会粘在网上呢？

这种情况是不会发生的，不必担心。蛛网不仅仅是蜘蛛的家，还是它的狩猎场。蜘蛛结网时，跟我们人类盖房子很相似，会先构筑主要的框架，然后进一步修筑。聪明的蜘蛛会先用放射状的蛛丝构筑网的骨架，这种放射状的蛛丝起支撑蜘蛛网结构的作用，尽管强度很大，但缺少黏性。

接着，蜘蛛会以逆时针的方向织造螺旋状的蛛丝，上有凸起的黏珠，而蜘蛛本身会分泌一种油性物质，使自己不会被黏珠粘住，但黏珠的黏性却会把撞在蛛网上的猎物粘住。明白了吧，这就是蜘蛛为什么可以在网上面自由自在地行走，而要是蚊子、苍蝇、金龟子等昆虫踩上去，只有乖乖地成为它的盘中大餐的原因了。

动物在行动时先迈哪条腿？

你有没有观察过动物行走或奔跑时，究竟是先迈哪条腿？四条腿的动物行走时，一般是先迈前腿。比如，先迈右边的前腿，然后迈左边的前腿，其次是左边的后腿，最后是右边的后腿。但是，当它们突然奔跑时，却是先迈后腿。例如，野兔慢走时，是先迈前腿，但被狗追赶时，它却先靠后腿强劲的弹跳力奔跑。马在突然奔跑时，也是先迈两条后腿，像踢腿似的跑起来。

总之，四条腿的动物正常行走时是先迈前腿，只有在出现紧急情况时，才会先踢后腿逃跑。像黑猩猩这种直立行走的动物，爬行的时候也是先迈前腿，当有异常情况时就先迈后腿。

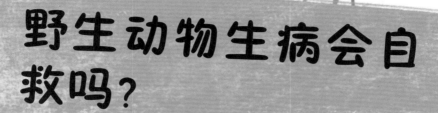

野生动物生病会自救吗？

人一旦病了可以找医生，动物要是病了怎么办？在漫长的进化过程中，它们练就了一套自救的本领。它们的一些自救行为给我们人类治病带来了许多新的启示。例如，有人就在南美洲茂密的树林中，看见一只羽毛漂亮但大腿骨折的鸟儿，用嘴巴叼起河滩上的灰白色泥土，往腿部受伤处敷去。

让人惊奇的是，这只鸟儿又一瘸一跳地蹦到草丛，叼起一根一根柔软的草茎，像绑绷带似的将黏土牢牢捆住，这岂不是外科手术"上石膏"吗？还有人发现，当一只美洲豹患了疟疾，它会急躁不安地拼命用爪子去剥金鸡纳霜树皮吃，然后病就痊愈了。

为什么大多数哺乳动物是色盲，人类除外？

根据研究发现，大多数哺乳动物眼中的世界并不像人类看到的那样五彩缤纷，而是色彩非常单一，如牛、羊、马、狗、猫等，几乎不会分辨颜色，在它们的眼中，只有黑、白、灰3种颜色。造成某些哺乳动物色盲的原因是，这些动物大多是习惯夜晚活动的，单调的夜晚景色才是它们要面对的。

在动物世界中，各种眼睛的视网膜上都含有数量不同的视杆细胞和视锥细胞。后来经过科学家进一步研究发现，在一些哺乳动物视网膜中视杆细胞较多，拥有的视锥细胞则较少，因此，它们的颜色分辨能力被削弱，可夜视能力却好得很。

为什么今天我们看不见恐龙了？

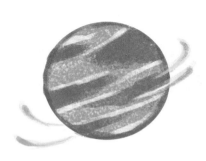

在历史上，曾经有许多生物灭绝，但是恐龙却是最为知名的。作为曾经地球上真正的统治者，它们体型硕大，外形怪异，在地球上雄霸一方。可在经历了漫长的统治后，这种庞然大物却突然像人间蒸发了一般。

关于恐龙消失的原因，众说纷纭，一种说法是由于当时地球与其他星球发生了碰撞，引起爆炸，致使地球上到处灰蒙蒙的，把太阳也给遮住了。这种不见天日的日子持续了好久，植物花草全都枯萎了，动物们也死掉了。因为恐龙巨大，要吃好多东西，食物没有了，恐龙慢慢地都饿死了。总之，在大约6500万年前，恐龙便从地球上消失了。

动物间也有葬礼吗？

不光我们人类有感情，自然界的动物也不例外。如印度叶猴在失去同伴的时候，会围坐在一起，为死去的同伴默哀致敬。

有人发现在乌鸦中，如果一只乌鸦死了，它的同伴会在山坡上排成弧形，让死去的乌鸦躺在中间。它们中的首领会发出"啊啊"的叫声，好像致"悼词"一般。接着，会有几只乌鸦飞过去，把死去的乌鸦衔起来，送到附近的小河或池塘里进行水葬。最后，由首领带队，大家集体飞向小河或池塘的上空，一边盘旋，一边哀鸣，要盘旋几圈后才散去。

另外，生活在非洲的一种獾类也有类似的行为。当獾发现了同类的尸体后，它就招来同伴一起将尸体拖入河中。随后，伤心的獾群便站在河边，一边望着汹涌的河水，一边哀鸣不止。

为什么说黑猩猩很聪明？

黑猩猩是和人类最相近的动物，它们很多方面都和我们很像，比如身材高大、有长长的手臂，没有尾巴、会直立行走等，只是走路时会微微弯曲膝盖。不过，不要看它们长相丑陋，它们的智商却很高。

根据研究，黑猩猩比人类的脑容量稍小，约占体重的1/50。黑猩猩不仅会模仿人的动作，还会制造简单的工具捕食。它们会用石块儿砸开坚果，吃里面的果实；还会用沾满口水的树枝沾蚂蚁吃，等等。另外，它们的情感也很丰富，面部有喜怒哀乐，表示愤怒时，会大喊大叫。

为什么寄居蟹总是住在别人家里？

顾名思义，寄居蟹就是住在别人"家"的一种蟹。寄居蟹属于甲壳类海洋动物，它的肢体比较柔软，既没有虾那样敏捷的游泳能力，也没有蟹那样坚硬的甲壳，显然不能抵抗外来侵害。怎么办？聪明的寄居蟹要"寄住"在螺壳里，就是为了保

护自己，比如蜗牛壳、贝壳，当然也有的跑到人们随手丢弃的瓶盖里。有时，它发现有合适的螺壳，就会去抢占别人的"家"，钩住螺壳顶端，将它占领。另外，随着寄居蟹年龄的增大，需要的空间越来越大，它也会更换不同的"房子"。

给奇思妙想一个科学的答案
神奇的问题
★★★
第二辑

自然大"真"探

Nature

自然

黄春凯/主编　赵　丽/绘

黑龙江科学技术出版社
HEILONGJIANG SCIENCE AND TECHNOLOGY PRESS

SHENQIDEWENTI

图书在版编目（CIP）数据

　　自然大"真"探 . 4, 自然 / 马万霞主编；黄春凯
分册主编；赵丽绘 . —— 哈尔滨：黑龙江科学技术出版
社 , 2019.1
　　（神奇的问题：给奇思妙想一个科学的答案 . 第二
辑）
　　ISBN 978-7-5388-9866-8

　　Ⅰ . ①自… Ⅱ . ①马… ②黄… ③赵… Ⅲ . ①自然科
学 – 儿童读物 Ⅳ . ① N49

　　中国版本图书馆 CIP 数据核字 (2018) 第 221397 号

自然大"真"探·自然

ZIRAN DA "ZHEN" TAN·ZIRAN

黄春凯 主编　赵　丽 绘

项目总监	薛方闻
策划编辑	孙　勃
责任编辑	孙　勃　回　博
封面设计	青　雨
出　　版	黑龙江科学技术出版社
	地址：哈尔滨市南岗区公安街 70-2 号　邮编：150007
	电话：（0451）53642106 传真：（0451）53642143
	网址：www.lkcbs.cn
发　　行	全国新华书店
印　　刷	天津盛辉印刷有限公司
开　　本	787 mm×1092 mm　1/16
印　　张	4
字　　数	50 千字
版　　次	2019 年 1 月第 1 版
印　　次	2019 年 1 月第 1 次印刷
书　　号	ISBN 978-7-5388-9866-8
定　　价	128.00 元（全四册）

【版权所有，请勿翻印、转载】
本社常年法律顾问：黑龙江大地律师事务所 计军 张春雨

Contents 目录

植物有性别吗？

我们都知道，人有男、女之分，就连动物也有雌、雄的区别。那么，同样有生命的植物有没有性别的区分呢？

当然有啦！不过植物有些特别，它们多数是雌雄一体，只有极少部分的植物是雌雄分开的，这也被叫作雌雄异株。雌雄异株的植物就是有性别的。比如在银杏树种族中，雌树开雌花，而雄树就开雄花；雌树能结出果实，而雄树就不会结果。但是雌树要想结出果实，也得有雄树的传粉才可以。

还有更神奇的呢！有一种叫作印度天南星的植物，它们居然会变性——而且一生中要转变好几次。比如，第一年是高大的雌株，第二年就能变成矮小的雄株；接下来，还能变回雌株，真是神奇又复杂。

植物爱听音乐是真的吗？

说到植物，我们脑海里便会浮现出它们柔弱、随风起舞的样子。要是给它们来一段音乐，会让它们的舞姿更优美吗？还是它们根本"听不懂"音乐呢？

告诉你吧，植物不会说话，但它们可是欣赏音乐的"高手"。

植物学家早已发现植物的这种爱好。他们曾经做过一个著名的实验：在番茄园里安装几个大喇叭，每天播放三个小时的音乐。等到番茄收获的时候，植物学家发现，收获的番茄果实居然又红又大。还有一种叫作跳舞草的植物，每当音乐响起时，它的嫩叶就会随着音乐翩翩起舞。

不仅如此，植物学家还发现，植物在听音乐方面还有自己的独特"爱好"呢！它们喜欢轻松、悠扬的曲调，不喜欢那种疯狂的摇滚乐，要是让它们在摇滚乐的环境中生长，简直就是一场谋杀。

植物睡不睡觉？

人和动物劳累时都得睡一觉才能恢复体力，植物也是一样的。不过植物睡觉还有更重要的作用——能够在环境改变时保护自己。

我们都知道，白天和夜里的光线明暗、气温高低等都不一样，而且差别还不小。植物为了减少热量的散失和水分的蒸发，维持体内的湿度，逐渐形成了对环境的适应能力，比如合欢树、三叶草等植物会在夜里将叶子闭合起来，就像团在一起睡着了一样，这样能维持自己的体温还能防止水分蒸发。对于合欢树来说，除了夜晚要睡眠，恶劣天气来临，比如狂风暴雨时，自动地闭合叶子也是为了免受暴风雨"击伤"。

植物的寿命有多长？

在植物大家族中，不同的物种有不同的寿命，有天生的"老寿星"，也有可怜的"短命鬼"。不过对于大多数植物来说，它们的寿命只有几个月或是几年。

植物家族中的"老寿星"多是体型高大健壮的木本植物，比如葡萄能够活到一百岁，枣树能活到两百岁，而杉树和柏树则有上千年的寿命。最厉害的"老寿星"当属龙血树，据说，它们能活到 8000 岁之久。

植物家族的"短命鬼"非短命菊莫属，听着名字，就知道它活不多久的。确实，它生长在气候干旱的沙漠之中。水是稀缺资源，只要下一点雨，短命菊就会拼命地生长，甚至是开花结果；水干了，它们就只有"死路一条"了。它们的寿命仅有几个星期而已。

植物吃昆虫是真的吗？

植物王国中还真的有不少成员敢于"吃虫"呢！大名鼎鼎的猪笼草就是其中之一。

猪笼草的叶子好像一个"小瓶子"，还有口，那里能分泌蜜汁，引诱昆虫。一旦有"嘴馋"的昆虫被吸引过来，猪笼草就会将它们一口吞下，"小瓶子"就是它们"窝藏"昆虫的工具和场所。落入"瓶底"的小虫子会被里面的黏液淹死，然后又被分解掉，成了猪笼草的营养品。

还有一种叫作瓶子草的植物。它们的叶子好像一个圆筒，里面装有分泌消化液，还能储存雨水。它们的瓶口也能分泌甜蜜的汁液，吸引蚂蚁、黄蜂等昆虫。这些汁液是有毒的，能够使昆虫晕倒或是死亡，成为它们的"瓶中之物"。此外，捕蝇草、狸藻等多种植物也有"吃虫"的本事。

虫草到底是虫，还是草？

虫草的学名是冬虫夏草。怎么样，你的心里是不是已经有答案了？

没错，虫草冬天的时候是虫，到了夏天就变成了草。它是昆虫和菌类的混合体。秋天时菌类植物的孢子会四处散落以寻找生根发芽的机会，当它们落到栖息在土上的蝙蝠蛾的幼虫身上时，就会立即钻进虫的体内，然后"生根发芽"长出菌丝，汲取虫的养分。

经过一整个冬天和春天的"秘密"生长，到夏天时，虫草的菌丝早把幼虫吃光了，只剩下外面的一层虫皮，里面长满了密实的菌丝体。菌丝体遇到雨水，又会向上生长，露出土外，成了两头尖的"小细棒"，也就是我们看到的冬虫夏草最终的样子了。

已染菌

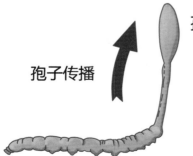

孢子

孢子传播

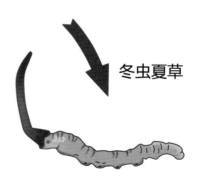

冬虫夏草

水生植物不怕腐烂吗？

我们把那些生长在水里的植物叫作水生植物。它们一生都在水里生活，但是却不会腐烂——秘密就在它们的根部。

水生植物的根部皮层下有较大的细胞空间，并且形成了一个上下贯通的空气传导系统。这使得它们有了特殊的本领——能吸收水里的氧气；就算进入水里的氧气很少，它们也能正常呼吸，茁壮地成长。

还有一些水生植物，比如莲和菱角。莲藕的内部有一些"管子"，能与水面上的叶子或叶柄的孔相通；而菱角的叶柄就像一个小气囊一样，能储藏很多空气。这些特殊的本领使得水生植物能够适应水里的生活，还不会腐烂。

树干为什么是圆柱形？

大自然中的万物都是非常聪明的，它们懂得顺应环境，朝着最有利于自己生存的方向生长。植物当然也不例外。

一棵树的生长和发育全靠树干的支撑，它必须坚强有力。在相同周长的几何形状中，圆形的面积是最大的，因此，树干长成圆柱形是最有利于树木的生长的，因为它让树木变得粗壮，也能支撑越来越沉重的树枝和树冠。

圆柱形的树干还能保护树木免受暴风暴雨的侵害。比如沙尘暴力量强大，会不断地冲击树木，但圆柱形的树干能让四面八方侵袭而来的风沙从侧面掠过，只有小面积的树干被风沙侵袭，降低了风沙对树木的侵害程度。

为什么有些植物会长"肿瘤"?

植物要想茁壮成长，氮、磷、钾这三种元素是绝对不能少的。特别是氮元素，它是构成蛋白质的基本物质，也是叶绿素的重要组成部分，所以，植物生长尤其离不开它。空气中含有大量的氮元素，可是多数植物不能直接吸取，只有依靠氮肥才能保证生长。

不过，有一些植物却有高超的本领，它们可以直接吸取空气中的氮元素，即黄豆、豌豆和蚕豆等豆科植物。它们能够直接吸取空气中的氮，靠的就是寄生在它们根部的根瘤菌。根瘤菌进入植物根部后，会大量地繁殖和生长，形成一个个小"瘤子"，这就是豆科植物直接吸取空气中氮元素的"法宝"了。

不过植物也要给根瘤菌分一些无机盐和能量才行，这是一种互惠互利的"双赢"关系。

根瘤菌

面包树上会长出面包吗？

面包树是一种热带植物，它们生长在巴西、印度、斯里兰卡以及非洲的热带地区。面包树喜欢阳光，生长速度快，体型高大。

面包树树枝和树干上会结出一个个圆球形的大果实。果实成熟的时候，每个果实有1~2千克那么重，被称为"面包果"。

面包果营养丰富，糖类、脂肪、蛋白质、维生素等应有尽有，能为人补充多种营养。面包果还可以烤着吃，烤制过后的面包果看起来就像新出炉的白面包，就连味道也有面包的香味，所以，人们便把这种能结"面包果"的树木叫作"面包树"。

"独木成林"是怎么回事？

中国有句流传很广的俗语"独木不成林"，这句话听起来很有道理，对于大多数树木来说也是正确的。但它可不是绝对正确的，因为榕树就能做到"独木成林"。

如果仔细观察的话，你会发现榕树总是成片地生长的，好像一座丛林。但其实，它们只是一棵树而已，是数不清的枝丫让它们显得非常茂密。

榕树具有这种特性，与它们的生活环境密不可分。它们生长在雨水充沛的热带、亚热带环境中，生长速度极快。当它们的枝杈生出的气根垂到地面以后，就能扎根土壤，吸收水分和养料继续生长。越来越多的枝杈伸出来，扎根土壤，就使得榕树越来越茂密，有了"独木成林"的独特景观。

世界上哪些植物不怕盐碱？

如果你对植物有一些了解的话，你就会知道大多数植物都是害怕盐碱的，农作物更要远离盐碱地，因为那会让农田颗粒无收的。不过，地球上也有不怕盐碱的"植物勇士"。

胡杨和柽柳就是一对共同抵抗盐碱的伙伴，它们经常在同一片盐碱地里出现。不过，它们有办法把盐碱排出体外。柽柳的根能从盐碱中吸取带有盐碱的水分，盐碱被水带着，到达茎、叶的部分时，就会通过蒸发排出体外了。胡杨则是从树皮的裂口处排出浓稠的液体，那里面就含有盐碱的成分。

还有一种盐角草更勇敢，它们吸取盐碱水时，不需要将盐碱排出体外，而是直接储存在身体里。

哪些植物能预测地震？

我们都知道，在大地震来临之前，小动物会有和平时不一样的表现，比如鱼会浮出水面，而鸡会跑到房顶上去。可是你知道吗？地震来临前，有的植物会表现异常。比如蒲公英和山芋藤突然开花；竹子也会突然开花，但是竹子开过花后就会死亡；要是出现这种现象，就说明地震要来了。

此外，敏感的含羞草也有预报地震的功能。地震来临前，含羞草的叶子一反常态，白天也不张开了，闭得紧紧的；到了晚上又反过来，不闭合而是完全展开。

如果有这些异常现象出现，大地震可能就会随之而来了。

秋天时，枫叶为什么会变红？

枫树是一种落叶乔木，它的一个特性是，每到深秋时节，叶子就会变得红艳异常，非常美丽。为什么秋天时，枫叶会从绿色变为红色？

这要从枫叶中含有的物质说起。枫叶中含有大量的叶绿素、叶黄素等色素以及胡萝卜素，此外还有一种叫作花青素的特殊色素。花青素好像色素中的"变色龙"一样，当它遇到酸性物质时，就会显现出红色。

秋天时，气温低，阳光也弱了，枫叶中就会形成更多的花青素；更巧的是，枫叶中的叶肉细胞是酸性的，所以，花青素分泌旺盛的秋季，枫叶就呈现出鲜艳的红色了。更神奇的是，越到深秋，枫叶的颜色会越红。

为什么很少见到黑色的花？

花朵的颜色受到太阳光的影响。我们都知道，太阳光由赤、橙、黄、绿、青、蓝、紫等七种颜色的光线组成，每种光线的波长不同，所含有的热量也不相同。红、橙、黄三种颜色的光线波长较长，含有的热量也多；而青、蓝、紫三种颜色的光线波长较短，含有的热量也少。花朵是非常娇嫩的，受到高温炙烤，就容易被"烫伤"，所以，多数花朵都会吸收热量较少的短波，而将热量较多的长波反射出去，这样，我们看到的花朵颜色就多为红、橙、黄三色了。

如果花朵把阳光中的七色光波全部吸收，它们根本受不了那种高温，必须把七色光波全部反射出去，那时候，花朵就呈现出黑色了，而这种情况是很少发生的，所以，我们也很少见到黑色的花朵。

含羞草为什么"害羞"？

含羞草的名字中有个"羞"字，这是因为，只要轻轻碰一下它们的叶子，甚至是一阵风吹来，它们都会迅速地合上叶片，然后低垂下去，好像害羞了一样。不过，它们可没有人类的那种"害羞"的感觉，它们这么做是在保护自己呢！

含羞草的小叶和叶柄基部各生有一个膨大的部位，叫作叶枕。叶枕里面充满了水分，下半部的水分要比上半部的水分多很多。当含羞草的叶子受到触碰或是震动时，叶枕下面凹陷，水分会从下半部跑到上半部，所以，叶柄也跟着下垂；而小叶处叶枕里的情况跟叶柄基部叶枕里的情况正相反，水分运动的方向也是相反的，所以小叶就会合拢起来，好像"害羞"了一样。

风雨来临时，含羞草就会把自己柔嫩的叶子卷起来，躲避侵害。

沙漠里有些植物的"肚子"为什么那么大呢？

如果你仔细观察的话，你会发现生长在炎热沙漠里的植物大多共有一个特征——大腹便便——"肚子"都是圆滚滚的，好像一个大球。

这些生长在干旱少雨的沙漠中的植物，它们"肚子"里面储存的可不是脂肪，而是水分。因为沙漠少雨，对于植物来说，雨可是最最宝贵的资源。为了多储存一些雨水，以保证自己的生长，这些植物都进化出了多种"特异功能"，减少叶子的面积，增加茎秆的厚度，让身体具有随意"伸缩"的功能，雨水多时，体内水分多，茎秆就膨胀起来；等雨水少时，再把储存的雨水释放出来，保证自己能够存活下去。这也是沙漠植物抗旱的"绝招"。

有毒物品

漆树为什么会"咬人"？

你见过漆树吗？它们的叶子又长又宽，树干粗壮，里面还藏着生漆，是非常重要的一种经济林木。不过你可千万不要随便碰触漆树，因为它会"咬人"。

割开漆树的树皮，里面就会有乳白色的汁液流出，这就是生漆。生漆有毒，含有大量的漆酸，人的皮肤如果接触到漆酸的话，就会过敏或是中毒，感觉又痛又痒，时间长了，还会引起全身溃烂呢！要是不及时治疗，还能要人命。所以，人们管它叫"咬人树"。

漆树"咬人"最厉害的时候，就是它迅速生长的时期；等到秋冬季的时候，漆树的"毒性"会变弱一些。但你若用它来烧火的话，漆树冒出的汁液还是很危险的。我们一定要远离它。

有毒物品

食羊树真的能吃羊吗？

食羊树不过是智利普亚菠萝的绰号而已。但这么恐怖的绰号似乎暗示着它是一种极其危险的植物——有吃小羊羔的爱好。这是真的吗？

食羊树"心眼"可多了，为了引起绵羊等家畜的注意，它们"故意"长出鲜艳美丽的花朵，又释放出好闻的味道。一旦小羊羔进入花丛中，那它们只剩下乖乖等死，免不了有被"吞食"的下场。不过食羊树并不是真的张开大嘴把羊羔吞下去，而是利用自己的花刺将它们束缚起来，然后饿死它们。

当羊羔尸体腐烂以后，食羊树便开始吸收腐烂尸体所释放出来的养分了。

无花果真的没有花吗？

开花结果是植物园中再正常不过的事儿了，但是无花果好像很与众不同。秋天时，仿佛没见它开花，就从树枝上"冒"出了一个个"鸽子蛋"，那就是无花果的果子了。无花果真的没有花吗？

其实，这是人们的误会，因为我们吃的无花果实际上就是它的花。假如切开一个无花果的话，你会发现，里面密布着数不清的小凸起，它们就是无花果的花。所以说，无花果不仅有花，简直就是一个"小花园"。

那你可能又要问了，无花果的花藏得那么深，它怎样才能把自己的花粉传播出去呢？

这就得感谢昆虫了。有一种叫作小山蜂的昆虫，身材瘦弱，它喜欢在无花果顶端的小孔中钻进钻出，这样它就在不知不觉中为无花果传播了花粉。

蒲公英身上为什么能飞出小·"降落伞"？

当蒲公英成熟的时候，轻风拂过，它的身上就会飞出一簇簇的"降落伞"，而这些小型的"降落伞"正是帮助蒲公英播撒种子的工具。

蒲公英开出黄色的花朵，等花朵凋谢后，蒲公英的植株上就会长出一朵朵蓬松的白色小绒球。小绒球软绵绵的，蒲公英的种子就藏在那些微小的"绒花"下面。人们把上面的白色小绒毛叫作"冠毛"，冠毛下面连接着的褐色的、细长的小颗粒就是蒲公英的种子。

蒲公英的种子十分轻微，一阵风就被吹散了，飘向远处。等风停下来的时候，种子落到地上，便会在新的环境里开始新的生长过程。

背阴处的向日葵也向着太阳吗？

要回答这个问题，我们首先得弄清楚向日葵为什么喜欢向着太阳。向日葵花盘下面的茎部中有一种植物生长素。它有两个特性，一是背光：有光线照射的时候，背光部分的生长素会比向光部分多；二是生长素能刺激细胞的生长和繁殖。

太阳出来时，向日葵茎秆里的生长素会聚集到没有光的一面，这一面细胞迅速繁殖，长得自然就快，所以，整个花盘会朝着有太阳的方向弯曲。

背阴的地方，只是光线比较弱，并不是完全无光，而植物都是有向光性的，所以，即使长在背阴处，向日葵也要寻找太阳的方向。

为什么藕里面有许多"管道"？

把完整的藕竖着切几刀，你就会发现里面有好多条天然的"管道"从藕的一头贯穿到藕的另一头；要是把藕横着切成片，你就会发现藕片上有很多的小"洞洞"。这些小"洞洞"的粗细程度跟小拇指差不多。这些小"洞洞"或是"管道"是干什么用的呢？

它们看起来空空如也，但是作用可是非常重要的。植物的生长必须得有空气。可是藕长在水里，水底全是淤泥，所以，藕就只能依靠这些"管道"来呼吸了。

藕把吸取的空气一节一节地向下传递，一直传递到根部，保证自己健康成长。

树洞是怎么形成的？

你见过树洞吗？它们是树干上的一些空洞，这些树洞并没有影响到大树的生存，大树还照样能生新芽，开新花。那么，树洞是怎么来的呢？

大体说来，树洞的形成离不开下面三种情况。

第一，有些小动物喜欢穴居，而粗大的树干就成了它们最好的目标，比如松鼠或是熊在建造房子的时候，只要找一个粗壮的大树，然后在树干上挖出一个洞，一个"家"就建好了。

第二，有些年老的树木，树心会自然衰老，没法再生出新的细胞，慢慢地就腐烂成了一个空洞。

第三，有一种植物喜欢依附大树，它们缠在树干上，时间长了，就会抑制树干内部的生长，导致出现一个空洞，这就是树洞。而这种"讨厌"的植物就是绞杀类植物。

树木怎样度过严寒的冬天?

严寒的冬季是不适合树木生长的，为此，树木进化出了"休眠"的办法来度过严寒的冬天。

树木的"休眠"跟小动物的"冬眠"很像——让自己进入"静止"的状态，不再从土壤里吸收水分，也停止了树叶"呼吸"和"蒸发"水分的工作。

但是不必担心，树木不再吸取养分和水，并不会因此而死掉。因为它们早就做好准备了。从春天到秋天，它们快速生长，又不断地将没有消耗掉的淀粉储存起来，到冬天时，它们把体内的淀粉转化为糖；糖可以提供热量，保护树木的细胞不被冻死，所以，树木能安然度过寒冷的冬天。

为什么说蚂蚁是刺槐的卫兵？

在墨西哥干旱的草原上，很多种植物都面临着灭绝的危险，但是刺槐却长得非常茂盛。植物学家们仔细观察才明白其中的道理，原来刺槐请了蚂蚁做"卫兵"。

刺槐给蚂蚁提供居住的地方，还把自己的花蜜送给蚂蚁当食物。为了回报刺槐，也为了保卫自己的"家园"，蚂蚁勇敢地承担起了保卫刺槐的工作。一旦有动物来啃食刺槐的叶子，蚂蚁就会集体出动，将"侵略者"击退；有些植物想依附到刺槐的身上，吸取刺槐的营养，蚂蚁们也会勇敢地站出来，把这些植物啃食一空。

这也是大自然中很典型的互利共生现象。

玫瑰为什么有那么多刺？

我早就告诉过你，大自然中一切生物都是非常聪明的，它们各个都有保护自己的"绝招"。比如玫瑰花，它芬芳娇艳，是爱的象征，备受人们的喜爱，就连昆虫和那些爱吃草的小动物也要打玫瑰花的"主意"。

为了保护自己，不让自己从植物家族中消亡，玫瑰花进化出了一种独特的本领——在枝上长满尖利的小刺，谁要碰它一下，就会像碰了"钉子"一样痛苦。这样一来，那些"不怀好意"的坏家伙就再也不敢欺负玫瑰花了。而玫瑰花也能够顺利地在自然界中生存和繁衍了。

植物也有"冤家对头"吗?

植物家族奇妙极了,它们有的相处良好,是好朋友;有的却是真正的"冤家对头"——根本不能碰面。

假如这些"冤家对头"被不知情的人种植在一起,那个人可能就要"遭殃"了。"冤家们"会悄悄地开展"化学大战",向对方喷出"毒液"或是"毒气"来"消灭"对方。

比如黄瓜和番茄就互相看对方不顺眼,它们若是被种在一起,两种植物都会减产;马铃薯也是黄瓜的"死对头",它们若是"见面"了,两种植物都会生病的。

蓖麻和芥菜也不能"碰面",因为芥菜身上分泌出来的汁液,对于蓖麻来说就是"毒液",会让蓖麻的叶子变得枯萎;作为报复,蓖麻就会挡住芥菜头顶的阳光,让芥菜在"寒冷"中死去。

植物中的"冤家对头"可不止这些,你还有自己的答案吗?

冬天时，小草就死了吗？

小草是大自然中最常见的一种植物了，每到春天，它们最先钻出地面和人们"打招呼"，可是冬天时却又"集体失踪"了，它们是死了吗？

当然不是，小草看起来柔弱，可是生命力非常顽强。冬天时，小草看起来是枯萎的，好像没有生命一样，但是它们可不是真的"死去"了，它们把自己的根芽藏在地下，那里比起地面要暖和得多。等到春天暖阳升起、暖风吹来的时候，它们最先感受到温度的升高，又会集体"钻"出地面，茁壮地成长了。

我国古代诗人白居易有句非常著名的诗——"野火烧不尽，春风吹又生"，就是对小草生命力的最好的赞美。

蘑菇到底是不是植物？

蘑菇是一种真菌。在过去，有些植物学家把蘑菇也当作植物的一种。可是后来呢，植物学家对蘑菇越来越了解了，原来真菌和植物之间还有很多差别，而且真菌和动物之间的关系似乎更近一些，于是，人们便把蘑菇从植物家族中划分出来了。

那么，蘑菇和植物之间到底有哪些不同呢？

它们最大的差别是获取营养的方式不同。植物依靠光合作用得到营养，这叫作自养型生物。可是蘑菇不行，它得依靠菌丝来吸取周围土壤里的养分，这叫作异养型生物。

另外，蘑菇和植物繁殖下一代的方式也不同，植物能结果，收获种子；而蘑菇要依靠分裂孢子来繁殖下一代。

有会"走路"的植物吗？

大千世界，无奇不有。大自然中真的有会"走路"的植物。它就是仙人掌。仙人掌是一种常见的植物，但它们有一个隐藏的功能就是"走路"——最擅长的就是在沙漠中"行走"。

仙人掌大多生活在炎热的大沙漠中，当周围的环境干旱缺水时，聪明的仙人掌就会把根收缩，露在沙层上面，等待着大风的到来。风一来，仙人掌就开始活动起来，跟着风"走"向有水和养料的土壤。当遇到适合的土壤时，仙人掌就不再走了，而是把根扎进土壤中"安家落户"了。

除了仙人掌，苏醒树也有这个本事。当苏醒树生活的土壤环境变坏，比如养料缺乏、水分稀少时，苏醒树就把根抽出来，全身缩起，"抱成团"，跟着风一起滚动，遇到水土丰美的地方，它们就停下来"安营扎寨"了。

为什么美国犹他州有那么多天然拱？

天然拱是自然形成的一种地质现象，就像在岩石上掏出一个洞似的。天然拱的形成与压力有关，所以又叫压力拱。

美国犹他州的天然拱最负盛名，那里还有一个天然拱国家公园。国家公园里遍布着各种形状的天然拱，最窄的也有 1 米的宽度。这里有很多早已成形的天然拱，还有一些迟早会变成天然拱的"石窗"，加在一起足有 1000 多座。

犹他州所在之处曾是一片汪洋，海水的下面沉积了厚厚的盐层。慢慢地，盐层上又堆积了不少物质，比如岩石或是其他的一些东西，厚度也逐渐增加。当堆积物越来越多的时候，盐层和岩石承受不住，发生崩塌，随后又有海水入侵，带走了不少的岩石，天然拱就出现了。

东非大裂谷是怎么形成的？

地壳盐层看起来很厚，但若是受到巨大的力量挤压或是拉伸时，就会出现断裂和破碎的现象，地质学家把这种现象叫作断层。

东非大裂谷从南向北将整个东非高原切断，是世界上最长也是最深的大断层，有着"地球的伤痕"之称。

东非大裂谷全长约 6500 千米，平均宽 48 ～ 65 千米，深度可达 1000 ～ 2000 米。这里出现这样巨大的断层与它的地壳状况有关。裂谷地带下面的地幔物质不断地向上涌起，这给地壳带来巨大的压力，地壳不断向上拱起，越来越薄，时间久了，就出现了断裂和破碎。随着陆地的不断扩张，慢慢就出现了越来越大的"口子"，就是东非大裂谷了。

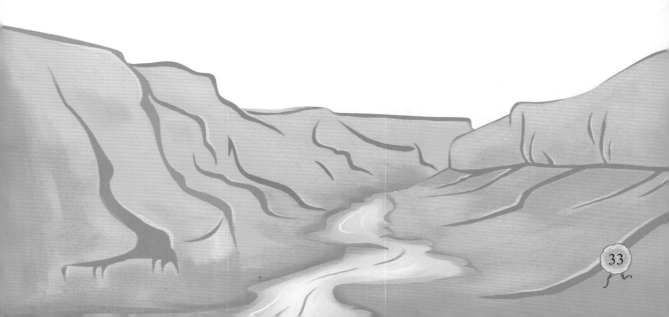

为什么尼罗河会变色？

尼罗河位于非洲东北部，它是一条会变色的迷人大河。一年中，尼罗河要变色几次，从清澈透明变为绿色，又变为红褐色，最后又变回原来的清澈透明。为什么会这样呢？

尼罗河对于非洲人民来说是非常重要的，它孕育了古代埃及文明。尼罗河的上游是由白尼罗河和青尼罗河汇聚而成的。每年的 2 月到 5 月，尼罗河地区干旱少雨，河水清澈透明。到 6 月份，上游的白尼罗河水量大增，会带来很多绿色的苇草，河水也跟着变绿了。

7 月份的时候，尼罗河水量更多了，开始泛滥，青尼罗河又会带来大量的泥沙，使河水便为红褐色。等到 11 月份的时候，尼罗河水量减少，红褐色逐渐消失，河水又变得清澈无比了。

艾尔斯巨岩是怎么形成的？

举世闻名的艾尔斯巨岩又名乌鲁鲁巨石，坐落于澳大利亚的乌鲁鲁卡塔丘塔国家公园里，它是世界上最大的单块岩石。

艾尔斯巨岩高 348 米，长度达 3000 米，周长可达 9400 千米，气势雄峻地矗立在辽阔的原野上。

多数人认为是地质运动形成了艾尔斯巨岩。几亿年前，巨岩所在的海底发生了隆起，一块大岩石被"挤"了出来。后来，又发生了一次强烈的地壳运动，整块岩石被"推"出了海面。又经过千万年的风化，大海变成了陆地，巨石也被"切削"成如今的形状，还变得越来越光滑了。

不过也有一些人认为，几亿年前，一颗陨石坠入地球，落在澳大利亚，最终形成了艾尔斯巨岩。

为什么百慕大三角区被称为"神秘地带"?

有科学家认为，百慕大三角附近的海底淤泥中有大量的动植物遗体堆积，它们不断地腐烂、发酵，就形成了一个大型的汽油田。在气候和海水高压的影响下，百慕大海域的海水分子和天然气分子遇冷时，会形成冰状化合物，零散地漂浮在海上。

当大型轮船游弋到此处时，海水受到挤压，周围的化合物也迅速下沉，水中的天然气也被释放出来。海水的密度跟着变小，浮力也小了，轮船就有可能沉入海底。

这些天然气露出海面后，就会向上浮，它们占据了空气的位置，空气被挤压到四面八方。当飞机飞来的时候，因为缺少氧气，发动机就会熄火，整个飞机也会坠入大海。如果飞机排出的废气带有火花的话，还会点燃周围的天然气，飞机自然难逃厄运了。

骷髅海岸到底有多可怕？

从非洲纳米比亚的纳米布沙漠向西，会一直延伸到大西洋，这是一片迷人的白色沙滩，不过它有个令人恐惧的名字——"骷髅海岸"。

骷髅海岸可算是世界上最危险的海岸线了，这里水流湍急凶猛，水底下到处都是暗礁，海面上弥漫着令人眩晕的雾。这里是大风的乐园，长年呼啸着8级以上的大风，沙丘肆意地移动着，那凄厉的轰鸣声好像出自凶猛的野兽之口；岸边怪石嶙峋，个个"面目狰狞"，这一切都构成了一副凄厉的惨相。

往来于此的船只经常无故触礁失事，那些好不容易爬上海岸的"幸运儿"，还来不及感叹自己的好运，就会被此地的风沙折磨致死，因此，这里随处可见的不是沉船的残骸，就是船员的遗体。这些可怕的景象加在一起，连冒险家也对此望而却步，不敢闯入这片"生命禁区"。

"冰与火之地"说的是哪儿？

　　这个冰与火共存的地方就是北欧岛国冰岛。就像它的名字一样，冰岛位于北极圈附近，与大西洋和北冰洋是邻居。

　　冰岛的土地下面就是大西洋中脊，那里岩浆活跃，导致冰岛不大的国土面积之内居然有 30 座活火山，可以说是世界上最活跃的火山区了。因为地下岩浆活跃，冰岛也成了全世界温泉最多的国家。

　　另一方面，冰岛地处高纬度地区，靠近北极圈，境内有 1/8 的土地被高大的冰川所覆盖。全世界面积第三大的冰川——瓦特纳冰川就位于冰岛境内。

　　火山、温泉还有冰川共存，实在是一个"冰与火之地"。

"猛犸洞"是猛犸的家吗？

猛犸洞就在美国肯塔基州的猛犸洞国家公园内部，它是世界自然遗产之一，也是世界上最长的洞穴；不过，它跟古时候的长毛巨象猛犸没什么关系，只是因为它太大了，所以，人们把"猛犸"二字安在这个洞穴的身上了。

猛犸洞是世界上最大的天然石灰石洞穴群，溶洞多得数不清，面积也非常大，而且内部景观瑰丽多姿，巧夺天工。猛犸洞里既有大河，又有湖泊，还有小溪流淌，人们可以乘船进入洞穴中观赏奇景。

猛犸洞面积巨大，又有清澈的溪水，因此吸引了不少小动物在此"安家"，比如奇特的无眼鱼——盲鱼，还有甲虫、蟋蟀以及一些小蝙蝠都是这里的"主人"。

四大"死亡谷"都在哪儿？

俄罗斯堪察加半岛克罗诺基山区的"死亡谷"，是一个长约 2000 米，宽 100 ～ 300 米的区域。坑坑洼洼的谷底到处飘散着硫黄的呛人气味，随处可见的不是狗熊就是狼獾等野兽的尸骨，令人望而却步。

美国加利福尼亚州与内华达州相连的山中，也有一条长约 225 千米的大型"死亡谷"。凡是到达此地探险或是淘金的人几乎全部命丧于此，就算侥幸逃脱的人也会莫名地死去。

意大利那不勒斯和瓦维尔诺湖附近的"死亡谷"则"别具特色"：这里不会死人，但却是飞禽走兽的埋尸场。

印度尼西亚的"死亡谷"则更为奇异：山谷中的六个大山洞好像具有神奇的吸力一般，只要人、兽经过洞口，就会被吸进去，无法脱身。

俄罗斯死亡谷

美国死亡谷

意大利死亡谷

印尼死亡谷

人在死海里为什么不会沉下去？

在巴勒斯坦和约旦之间的西亚裂谷中有一个世界上海拔最低的湖泊——死海。死海中的一个奇观便是人若跳进去的话，并不会立即沉下去，反而会一直浮在水面上。这是什么原因造成的呢？

死海之所以叫"死"海，是因为其含盐量非常高，每100千克海水中含有的盐分可达20千克以上，以至于绝大多数的生物都不能适应那种环境，因而那里总是一片死寂。而含盐量高也带来了另一个后果，那便是死海水的密度很大，浮力也就非常大，因此密度相对较小的人体进入死海中，自然就会浮起来。

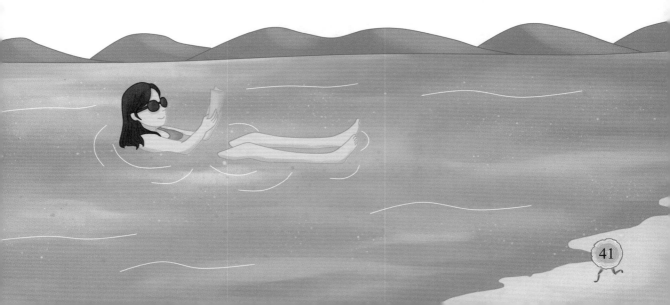

为什么说太平洋并不"太平"?

太平洋是地球上面积最大的大洋。它的水域遍及整个太平洋板块以及菲律宾板块和印度板块的一部分，甚至还与南极洲板块接壤。我们知道板块相接触的地方是地壳最活跃的地带，所以，太平洋的内部和边界地带是非常不稳定的，经常爆发各种灾害，火山爆发和地震是其中最频繁的两种。

地幔在运动的过程中，会带动板块的运动，一块板块会向另一块板块的下面俯冲，不断的震荡会在两块板块交界的地带引发不同规模的地震。太平洋上地震最频繁的地方有所罗门群岛以及日本等地。

另外，板块的运动也能使岩浆顺着板块破碎的"缝隙"冲出地表，形成火山喷发，比如菲律宾等地便有很多火山喷发。

更令人担忧的是，地质学家已经发现，太平洋板块运动频繁，在不断下沉，有消失的危险。

为什么不能乱扔和焚烧废旧干电池？

我们的生活离不开干电池，但是干电池的电量耗光时就成了废品。不过，我们千万不要随意丢弃或是焚烧，因为这会给自然环境和人畜的健康带来极大的危害。

世界上好多国家都发生过人金属中毒的事件。而其中的"毒物"来源正是废旧干电池。干电池里有汞和锰等化学物质，它们是有毒的，一旦进入人体，就会给人体带来巨大的危害。

废旧电池若是随意丢弃在我们的周围，时间久了，它们就会腐烂，里面的化学物质就要跑出来，进入土壤里；下雨的时候，它们就随着水流进入了井里或是河里。那么，结果很明显，只要有人或是动物喝了这里的水，就会出现中毒的症状。

最好的办法就是把废旧电池集中扔进专门的电池回收箱里。

为什么不能随意疏干沼泽地？

沼泽地就是我们平时说的湿地，那里积水很多，生有大面积的杂草，是一种特殊的地貌。地球上有不少的地方都被沼泽所覆盖。有些人认为沼泽地白白占着地方，又不能种植农作物，不如把沼泽地里的水分疏干，全部用来种植作物才好。可这种想法是错误的。

沼泽里蕴藏着宝贵的泥炭和丰富的生物资源，是鸟类的栖息地，有了它们才能保持当地的生态平衡。另外，沼泽地低洼，能蓄水，能调节水资源。发生洪水时，它可以帮忙"吞"下一部分洪水；干旱时，它又能把积蓄的水资源"吐"出来，滋养周围的土地；平时，沼泽地还能向大气中散发水汽，保持大气湿润，调节当地的气候。

现在世界上的很多国家都在尽力恢复沼泽地原来的样子，让它们为自然做贡献呢。

为什么说森林是地球的"吸尘器"？

森林是植物的大家园，也是一个巨大的天然"空气调节器"。植物吸收二氧化碳，释放氧气，让人类有足够的氧气来生存，还能帮助人类进行一些工农业生产活动。要是没有大片森林，人类也没法存活了，地球就会成为一个没有生命的"死星球"。

除了释放氧气，森林还能吸收氟化氢、氯气等有害气体，就连空气中的粉尘和污染物也会被它们一同吸收——真是天然的"吸尘器"。如果你去过森林的话，你会觉得那里的空气更加纯净，原因就在这儿。

森林中还有一种叫作热带雨林的，它们分布在热带地区，那里生活着多种多样的生物，是维持地球生物多样性的重要系统；另外，那里是天然的"药箱"，人类制造的很多药物都是从热带雨林植物身上提取出来的。

大自然的里氧气会不会被用光？

氧气对地球上的万事万物来说，实在是太重要了，人类和动植物都得呼吸，就连燃烧也得有氧气的参与。一些有心人就开始担忧了，比如有一位英国物理学家曾经就提出过这样一个问题——大自然里的氧气会不会被用光？

答案是不会的，这只是杞人忧天而已。

地球上有那么多的绿色植物，它们在不停地吸收空气中的二氧化碳，然后又在阳光的帮助下，"呼"出更多的氧气。而且，植物通过光合作用"呼"出的氧气是它"吸"进去的氧气的 20 倍左右，所以，空气中的氧也会维持一个稳定的水平；同样地，空气中二氧化碳的含量也是很稳定的，不会太多也不会太少。

离开植物的光合作用，人类就不能生存吗？

绿色植物利用太阳光把二氧化碳和水转化为含有能量的有机物，同时释放出氧气的过程就被称为光合作用。

光合作用虽然是由植物来完成的，但是受益最大的却是人类。人类要想生存离不开衣、食、住、行，而衣、食、住、行则离不开光合作用。

糖类、脂肪、蛋白质等物质是人和动物赖以生存的基础。就连一些物质原料，比如煤、石油等能源都是数百万年前的植物遗体被分解而形成的。而数百万年前的植物能够活下来，也得依靠当时的光合作用才行。

所以说，没有植物的光合作用，人类的衣、食、住、行的问题就没法解决，人类当然不能生存到今天了。

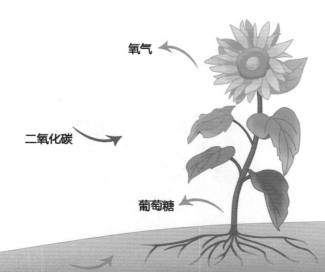

氧气

阳光

二氧化碳

葡萄糖

水

为什么苔藓是天然的环境监测仪？

苔藓是一种很小型的绿色植物，它们的构造非常简单，只有茎、叶两个部分组成。它们最喜欢生长在阴暗潮湿的地方，连石头上也能生长。

苔藓不开花也不结果，它的种子叫作孢子，苔藓靠孢子来繁殖。苔藓能够指示环境的好坏，正是因为它简单的构造。苔藓的叶片一般是单层细胞，没有厚厚的保护层，外界气体会直接进入苔藓的细胞中。当空气中二氧化硫的浓度超过千分之五时，苔藓的叶子马上就会出现"受害"的症状——变成黄色甚至是黑褐色。几十个小时后，一些承受不住的苔藓就会因干枯而死亡。

因为这个特点，人们便利用苔藓来检测环境污染的程度，它也就成了天然的"环境监测仪"。

凝结　　　　　　　　　　　　凝结

水是怎样循环的？

我们知道，地球上所有的江河都会流入海洋，可是海水并没有增多，这是为什么呢？这其中的奥秘就在于水是循环的。

阳光照射在海面上，会让一部分海水蒸发成为水汽；不断增多的水汽慢慢上升，当它们漂浮到高空时，温度会下降，凝结成水滴；水滴就是雨，它们降落下来后，一部分重新回到海洋里，另一部分落到地面；落到地面的水不断地汇聚，流入江河里，最终它们沿着河道进入了大海。

巧合的是，陆地降水和海洋表面蒸发的水汽正好是相等的，所以，海水不会增多也不会减少，而这个过程就被叫作水循环。

蒸发　　　　　　　　　　　　　　　　　　　　　蒸发

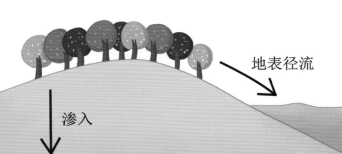

地表径流

渗入

什么是食物链？

大自然中存在着各种各样的生物，有植物、动物还有更高等的人类以及最低等的微生物群体。所有的生物都要吃东西才能生存。那么，在吃与被吃的过程中，就形成了一个链条一样的循环，就是食物链。

以草原为例，狼吃羊，羊吃草，而小草的生长又离不开微生物所提供的营养以及太阳光。从太阳光到食肉动物狼构成了一个"圈"，就是一个简单的食物链。

现实中的食物链，参与者非常多，过程也非常复杂，少了任何一个环节或是物种，都会给大自然的秩序造成混乱，最终影响生态平衡。所以，人类不能因为讨厌狼，就把狼全部杀掉，那会导致牛羊泛滥，草地就会被破坏，风沙来了，没有草地吸收，沙漠就会越来越多，气候也会越来越恶劣。

洪水和泥石流的威力有多大？

洪水是一种常见的自然灾害，凡是有大江大河的地方都有暴发洪水的可能。洪水的危害非常大，凶猛的水势能淹没房屋，还能把人和家畜冲走，家里的粮食和其他财产也会跟着遭殃。在工农业生产方面，洪水能淹没农田，破坏厂房和机器，还会冲垮通信设施和道路，给当地造成无法估计的损失。

泥石流经常发生在山区，有时候它会跟着洪水一起暴发，将附近的农田和村庄夷为平地。世界上很多国家都发生过危害极大的泥石流。

造成洪水和泥石流的原因很复杂，人类对环境的破坏就是其中很重要的一个原因。由此可见，生态平衡被打破，最终受害的还是人类自身。

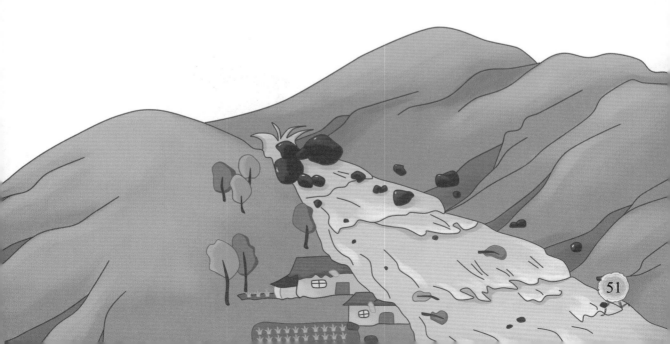

为什么海洋污染比其他污染更可怕？

当有害物质流入海洋后，就会对海洋造成污染。海洋污染的后果非常严重：海水变得浑浊，这会阻止海洋植物进行光合作用，海洋植物减产了，鱼类就会因饥饿而大量地死亡。

如果污染海水的是有毒物质，那么鱼类吃了也会中毒而死，人若不小心吃了有毒的鱼类，也会出现病症甚至是死亡。

如果污染海水的是石油，那么氧气就无法进入海水里，微生物会缺氧而死，那些以海洋生物为食的鸟类也会难以生存。

海水是流动的，所以污染很难被清除，还会影响别的水域，所以说，海洋污染更加可怕。

北极也有臭氧层空洞吗？

臭氧层能够阻止更多的紫外线照射到人的皮肤上，是人类的天然"保护伞"。所以，当南极上空出现臭氧层空洞时，人们都感到担忧极了，很多人甚至联想到北极。那么，北极上空有没有出现臭氧层空洞呢？

近年来，好几个国家的科研人员都发现了一个不好的现象：北极上空的臭氧层也在慢慢"变薄"，但还没有到达出现"空洞"的程度。这是因为科学家对于臭氧层空洞是有明确的定义标准的，北极臭氧层虽然变薄了，但还没有达到像南极那么危险的程度。

臭氧层

不过，这也引起了科学家的注意，如果不想办法保护环境的话，北极上空也有出现臭氧层空洞的可能。人类得想办法保护全球的臭氧层了。

地球为什么越来越暖？

科学家很早就发现地球的温度比从前升高了很多，他们把这个现象叫作"全球变暖"。至于其中的原因，科学家总结出以下两点。

一方面，天体活动会对地球的温度造成影响，比如太阳黑子、耀斑以及地球自转速度的变化等原因都使地球的温度变高了。

更主要的一方面是人类自身活动对地球的温度造成了影响。大气层中的二氧化碳具有保温的作用，而人类不合理的生产活动向地球大气层排放了越来越多的二氧化碳，地球温度自然会越来越高。

人类的不合理行为主要是毁坏林木、开辟田地，这使得森林面积减少，就没法吸取空气中的二氧化碳了。此外，能源的浪费以及汽车尾气的排放也使大气层中的二氧化碳越来越多了。

什么是厄尔尼诺现象？

厄尔尼诺是一种异常的气候现象，经常出现在太平洋赤道海域附近。每年圣诞节前后，生活在秘鲁和厄瓜多尔的渔民就会发现表层海水的温度忽然升高了。这对他们来说可是一场灾难，因为海里的鱼类和浮游生物会被高温的海水烫死。这又会引发当地鸟类的死亡，因为它们的食物——浮游生物没有了。不仅如此，海水变暖，海洋上空的气温也跟着升高，地球气候的平衡就会被打破，结果就是，有的地方洪水泛滥，而另一些地方就干旱少雨。

因为这种现象多发生在圣诞节期间，渔民们便把它叫作"上帝之子——圣婴"——音译过来就是厄尔尼诺了。

夜晚的光越亮越好吗？

现在，我们的城市越来越繁华，就连夜晚时，整个城市也热闹非凡：马路上华灯四射，商店里的灯光炫目迷人。那么，城市里的灯光是越亮越好吗？

虽然夜晚的灯光代表着繁华，可是它也给人们造成了新的污染——眩光污染。过度的光亮既增加了环境的温度，又影响了地球生物的健康。

地球上的生物在长期的进化中，早已养成了各自稳定的休息和劳作的习惯。但是夜间的光亮扰乱了生物体内的"生物钟"。鸟儿和海里的生物受到夜间光亮的影响，会迷失方向，进而影响到族群的生存和繁衍。而人类则会出现头晕、失眠，大脑神经的平衡被破坏；也可能引发激素失调，让人抑郁或是神经衰弱。

为什么要保护土壤？

田野里到处都是土壤，但它们可一点也不普通，它们是宝贵的资源。因为土壤中含有大量的矿物质、有机质、水分、空气等多种营养物质。这些营养物质是植物健康生长的必要元素。人类要想穿衣吃饭根本离不开土壤。

土壤能保护植物的根苗，还能固定住植物，让植物越长越壮。土壤还"无私"地奉献着自己的养分供给植物，让人类有所收获。

如果土壤被破坏了，里面的营养成分流失，甚至混入了有害物质，那么农作物就长不好，人类就没有足够的食物，就要挨饿了。而那些有毒的土壤中收获的果实也会含有有毒物质，这种有毒的果实进入我们的身体，就会危害我们的健康。

生态危机会毁天人类，是真的吗？

大自然中的生物和周围的环境和谐共处时，比如山林绿树茂盛、草原上牛羊成群，牛羊有充足的食物，人类也能够获得新鲜、干净的空气……这就是一种最基本的生态平衡状态。

不过当生态环境表现出另一种相反的状态时，比如草原退化为沙漠，牛羊没有了草料，山林变成荒山，沙尘暴、雾霾越来越多，人类呼吸不到清洁的空气，水源也被污染，连食物也变成了有毒食品……那就说明生态危机爆发了。

人类对大自然的破坏越重、时间越长，生态危机的情形就会越严重，对人类的威胁也就越大。如果人们真的毫不在意，不立即开始保护环境的话，最终坑害的是地球上所有的生命。

为什么要建自然保护区?

　　人类的生产活动已经给大自然带来了无数的危害——自然资源破坏、地球环境污染,这给野生动植物的生存带来了极大的威胁,每天都有野生动植物种族在消失。我们已经知道,地球上的生物是不可能独自存活的,野生动植物没有了,人类的灾难也就来了。

　　为了唤醒人们的意识,保护生态环境,使野生动植物免遭灭绝,人们建立了自然保护区。最早的自然保护区位于美国黄石国家公园,它建立于 1872 年。现在,地球上的自然保护区越来越多。它们成了生物物种的"博物馆"——保存和拯救了一大批濒危动植物。此外,科学家还经常来这里观察、实验,获得了更多的保护自然资源的新知识和新方法。

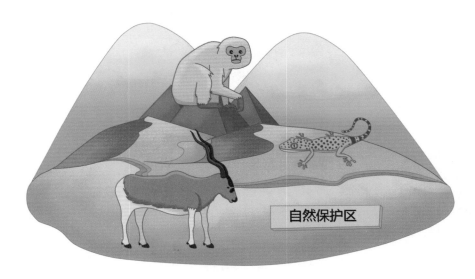

自然保护区

人类是怎么处理垃圾的？

垃圾就是人们不要的东西，主要有工业废渣以及生活垃圾。垃圾具有一定的危害性，所以我们一定要妥善地处理。

人们处理垃圾的办法主要三种：一种是卫生掩埋，找一块没用的空地，把垃圾埋在地底下；第二种是焚烧，将分类收集的垃圾分别倒入不同的焚化炉中烧掉；第三种方法是回收利用，把纸张、塑料、金属以及玻璃类的垃圾分类处置，用不同的方法重新加工，再次利用。

很明显，第三种方法是最合理的处理方式，因为它减少了对环境的污染，还把"资源"再次循环利用，是一种值得提倡的环保处理方式。

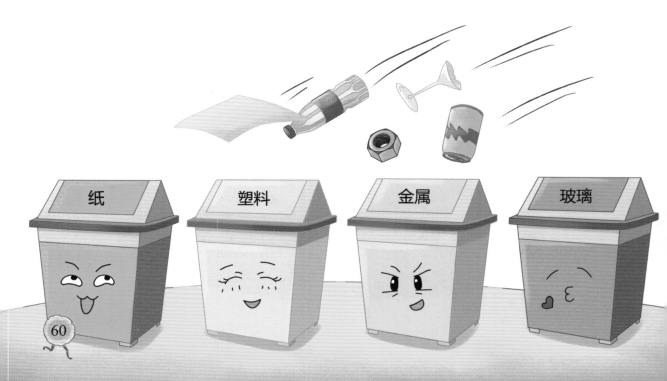